Kakteen

Hans-Friedrich Haage

Kakteen

Mit 245 Zeichnungen von Lutz-E. Müller
und 31 Farbfotos

E.U.
VERLAG
EUGEN
ULMER

Die Deutsche Bibliothek – CIP-Einheitsaufnahme

Ein Titeldatensatz für diese Publikation ist bei
Der Deutschen Bibliothek erhältlich.

ISBN 3-8001-4191-4

Verlag Eugen Ulmer GmbH & Co.
Wollgrasweg 41, 70599 Stuttgart (Hohenheim)
(1. Auflage erschienen im
Neumann Verlag GmbH 1993)
E-mail: info@ulmer.de
Internet: www.ulmer.de
Druck und Bindung: Friedr. Pustet, Regensburg
Printed in Germany

Einbandfotos der Verlagsausgabe:
Vorderseite: Picture Press/Manfred Thonig
Rückseite beide Fotos von Reinhard-Tierfoto, Heiligkreuzsteinach
links: *Echinocereus*, rechts: *Ferocactus stainesii.*

Was ist besonderes an Kakteen

Sie möchten Kakteen pflegen? Wußten Sie schon, daß Kakteen mit Abstand die geringste Fläche beanspruchen? Ohne Schwierigkeiten können Sie zehn Kakteentöpfchen mit blühfähigen Pflanzen auf dem Stellplatz eines Alpenveilchens unterbringen.

Ähnlich überraschend ist das Ergebnis, wenn Sie die Artenzahl vergleichen. Eine gut sortierte Kakteenauswahl kann durchaus so viele Arten enthalten wie alle restlichen, im Angebot befindlichen Zimmerpflanzen zusammen.

Die Familie der Kakteen umfaßt etwa 3000 Arten und immer noch werden neue in den Heimatgebieten entdeckt. Wenn hier von Arten die Rede ist, so sind natürlich vorkommende Wildformen gemeint im Gegensatz zu Sorten, die durch gezielte züchterische Maßnahmen, wie Kreuzung und Auslese, entstanden sind. Weshalb gibt es bei Kakteen bis auf wenige Ausnahmen keine Sorten? Kakteen sind von Natur aus schon so schön, daß Ihnen durch Züchtung nichts hinzuzufügen ist. Bizarr in der Form, kontrastreich und doch harmonisch in der Färbung, eine begeisternde Vielfalt bis ins Detail! Und Kakteen sind schon ohne Blüte eigenwillige Prachtstücke. Bei fachgerechter Pflege wird man alle Jahre wieder erleben, wie diese harten, mit Dornen bewehrten Gesellen plötzlich wunderbar zarte Blüten hervorbringen.

Man kann die engagierten Kakteensammler schon verstehen, daß sie die Sammelleidenschaft gepackt hat. Unterhalten wir uns mit einem alten Kakteenfreund, wird er uns bald zu jeder Pflanze eine Geschichte erzählen.

Den Kakteenfreund und seine Pflanzen verbindet oft ein

Was ist besonderes an Kakteen

Stück gemeinsamer Geschichte. »Es ist schon viele Jahre her. Infolge längerer Abwesenheit waren wieder einmal alle Grünpflanzen vertrocknet, nur der kleine, runde Kaktus, den ich einmal geschenkt bekommen hatte, war noch am Leben und blühte obendrein . . .«. So oder ähnlich höre ich oftmals Berichte über den Beginn des Kakteenhobbys. Pflegeleicht, hart im Nehmen und anpassungsfähig, eigentlich ideale Partner für unsere Wohnungen. Aber für eine erfolgreiche Kultur benötigen auch Kakteen bestimmte Voraussetzungen und es sind spezielle Kenntnisse zu ihrer Pflege erforderlich.
Damit Sie viel Freude mit Ihren Kakteen haben, ist in diesem Buch viel Wissenswertes zusammengetragen und anschaulich dargestellt.

Inhalt

Nopalxochia phyllantoides

Die Heimat der Kakteen

Aus Westernfilmen kennt man sie, die Riesenkakteen der Prärien Nordamerikas. Aber man findet ebenso an der Mittelmeerküste verschiedene Kakteenarten. Selbst in Australien haben sie sich so vermehrt, daß sie zur Plage wurden. Heute wachsen Kakteen in vielen warmen Ländern.
Die ursprüngliche Heimat dieser Pflanzenfamilie ist Amerika. In den übrigen Verbreitungsgebieten sind Kakteen von Menschen eingeschleppt worden und teilweise verwildert. Nur einige *Rhipsalis*-Arten zählen in Südafrika und Madagaskar zur heimischen Vegetation.
In Amerika sind Vertreter der Kakteen in fast allen Zonen des Doppelkontinentes zu finden. Ihr Vorkommen konzentriert sich aber auf die Trockengebiete. So reicht ihre Verbreitung vom Peace-River in Kanada bis zur Magalhãesstraße im Süden Südamerikas. Jeder Kakteenstandort hat ganz spezielle Klimabedingungen, die durch die Niederschlagsmenge und -verteilung, durch den Temperaturverlauf und die Sonneneinstrahlung gekennzeichnet sind.
Die Anpassung der Kakteen an extrem trockene Standorte ist einzigartig. Charakteristisch sind das Anlegen eines zum Teil beachtlichen Wasservorrates im Pflanzenkörper und die Verhinderung starker Verdunstung.

Verschiedene Bedingungen an den Heimatstandorten
Seite 10

Wie sind Kakteen angepaßt
Seite 19

Die Heimat der Kakteen

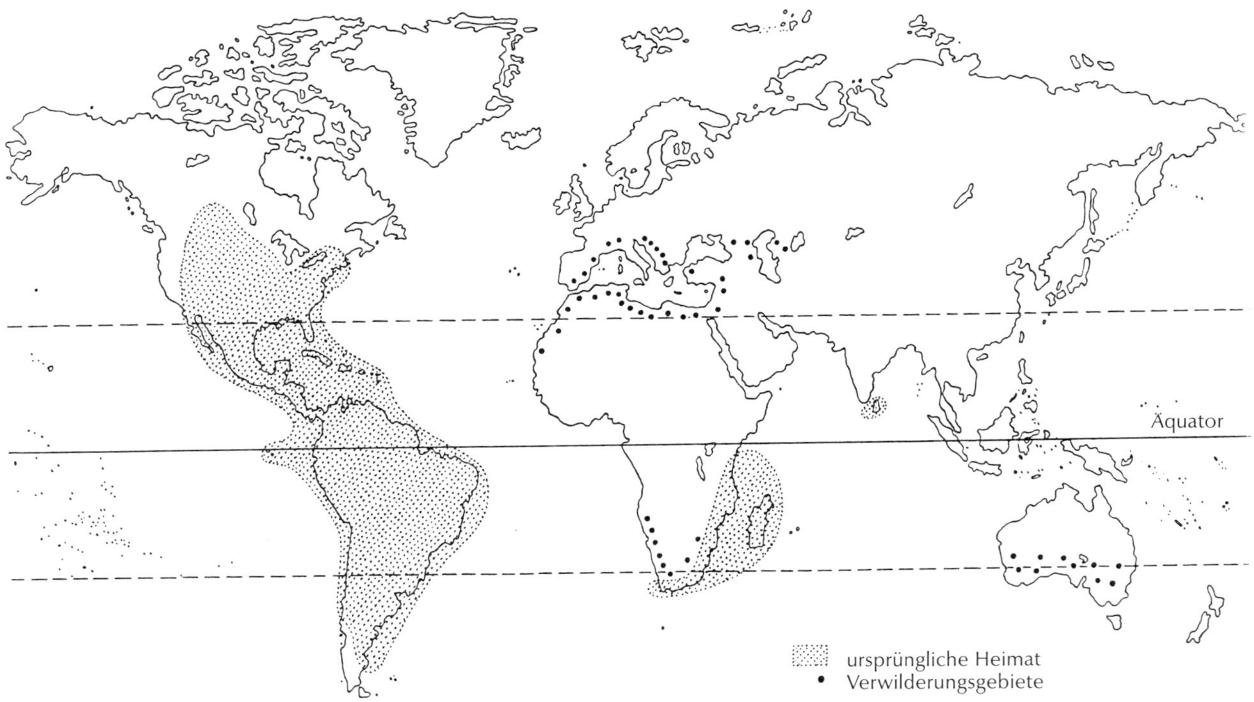

Verbreitungsgebiete

Das Zusammenwirken aller Wachstumsfaktoren muß man beachten

Verschiedene Bedingungen an den Heimatstandorten

Die Bedürfnisse der Kakteen kann man größtenteils von den heimatlichen Standortbedingungen ableiten. Allerdings muß man hier immer das Zusammenspiel aller Wachstumsfaktoren wie Bodenverhältnisse, Sonneneinstrahlung, Niederschlag und Temperatur beachten. Man schädigt die Pflanzen, wenn sie bei Heimattemperaturen gehalten werden, aber dunkel stehen, genauso, wie wenn sie entsprechend der Niederschlagskurve des Heimatstandortes gegossen werden, das Wasser aber nicht versickern kann.

Verschiedene Bedingungen an den Heimatstandorten

Jeder Kakteenstandort ist von ganz bestimmten Umweltfaktoren geprägt, die ihn von anderen unterscheiden. Zum Glück sind die meisten Kakteenarten aber weitestgehend anpassungsfähig, so daß es ausreicht, wenn die Einzelstandorte zu Standorttypen zusammengefaßt werden, um daraus Rückschlüsse für die Pflege der von dort stammenden Kakteenarten zu ziehen.

Um die Übersichtlichkeit zu wahren, sollen hier vier Standorttypen beschrieben werden. Die Kriterien für die Zusammenfassung sind in erster Linie der Niederschlag im Verhältnis zur Durchschnittstemperatur und seine Verteilung über das Jahr. Unberücksichtigt bleibt dabei, ob sich der Standort in Nord- oder Südamerika befindet.

Zusammenfassung zu vier Standorttypen

1. Gebirgsstandorte
2. Standorte der weiten Ebenen und Hügel
3. Gleichmäßig warme Standorte ohne ausgeprägte Trockenzeit
4. Standorte epiphytisch wachsender Kakteen.

Gebirgsstandorte

Bis in Höhenlagen von 4000 m über NN und darüber kann man Kakteen finden. Bedingt durch die dünne Luft haben solche Standorte eine sehr intensive Sonneneinstrahlung mit hohem UV-Anteil. Die starke Einstrahlung führt zu Tagestemperaturen von 40°C und mehr. In der Nacht kommt es zu starker Abkühlung, im Winter sogar mancherorts unter 0°C. Die Nieder-

Starke Sonneneinstrahlung

Extreme Temperaturunterschiede zwischen Tag und Nacht

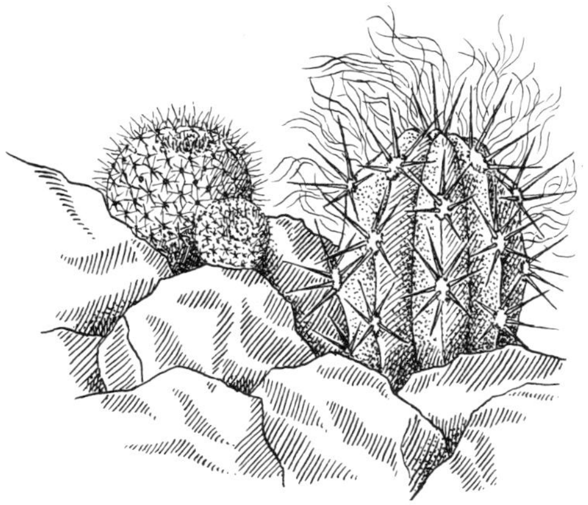

Höchste Lichtansprüche haben Gebirgskakteen

Die Heimat der Kakteen

Nur ein oder zwei Monate mit Niederschlagsmengen, die die Verdunstung übersteigen

schläge konzentrieren sich auf die Sommermonate und sind für die einzelnen Gebiete recht unterschiedlich. Sie fallen meist als Sturzregen und sind auch in Gegenden mit reichlichem Niederschlag schnell im Gestein versickert oder durch die Hanglage oberflächlich abgelaufen. Sonne und Wind sorgen für schnelles Abtrocknen der oberen Bodenschicht. Dadurch herrscht fast immer Mangel an Wasser und eine humusbildende Vegetation kann kaum entstehen. Die krassen Temperaturunterschiede zwischen Tag und Nacht führen zur Verwitterung des Oberflächengesteins. Regen und Wind tragen die Feinerde ebenso wie den wenigen Humus kontinuierlich ab. Nur in Felsritzen und Gesteinsspalten sammelt sich Erde und bietet den Pflanzen einen begrenzten Lebensraum. Sie finden dort humusarmen Verwitterungsboden, der kaum Stickstoff enthält, aber je nach Muttergestein reich an Phosphor und Kalium ist.

Böden fast ohne Humus

Stickstoffarm, aber reich an Phosphor und Kali

Solche Verhältnisse mit langen Trokkenzeiten und extremen Temperaturunterschieden zwischen Tag und Nacht weist zum Beispiel die Trocken- und Dornbuschpuna zwischen den beiden Andenketten Südamerikas auf. In Höhenlagen von 3000 bis 4000 m und mehr wachsen hier Vertreter von *Rebutia, Aylostera, Mediolobivia, Lobivia, Acanthocalycium* und auch einige *Parodia* und *Gymnocalycium.* Meist zeichnen sich diese Felsbewohner durch Rübenwurzeln aus, mit denen

Vertreter der extrem trockenen Gebirgslagen in Südamerika

Puna – Hochfläche der südamerikanischen Anden mit Steppencharakter

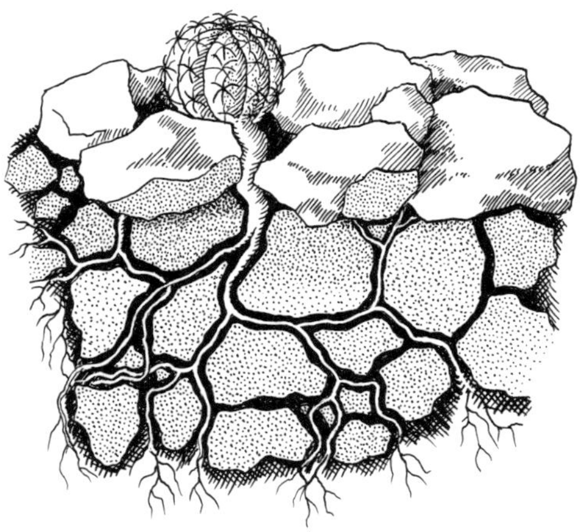

Wurzel auf Wassersuche

sie in den Gesteinsspalten bis in große Tiefen vordringen, um von dort noch Wasser aufzunehmen.
Vergleichbare Verhältnisse finden sich auf dem Nordkontinent, allerdings in nicht so extremer Höhenlage, dafür aber mit mindestens ebenso starker Sonneneinstrahlung und Trockenheit in den Wüsten Nordmexikos, den südlichen USA und der Kapregion Niederkaliforniens. Hier sind die großblütigen *Mammillaria* und verschiedene *Echinocereus* als typische Vertreter zu nennen.

Vertreter der extrem trockenen Standorte in Nordamerika

Standorte der weiten Ebenen und Hügel

Nicht so extrem sind die Klimaverhältnisse der Kakteenstandorte der Ebenen und Hügel in Nord- und Südamerika. Eine Wintertrockenzeit zieht sich bis in das Frühjahr hinein. Allerdings fallen auch während dieser Zeit schon geringe Mengen Niederschläge, die zum Sommer hin zunehmen und in eine mehr oder weniger lange Regenzeit überleiten. Dann übersteigen die Niederschläge die Verdunstung, der Boden wird nachhaltig feucht und bietet auch nichtsukkulenten Pflanzen Entwicklungsmöglichkeit. Steppengras und Dornengestrüpp werden grün, Einjahresblumen und Zwiebelgewächse erwachen zu einer kurzen Vegetation. Ausgangs des Sommers werden die Regenmengen immer geringer und der Boden trocknet wieder aus, die Wintertrockenzeit beginnt. Die Temperaturen erreichen im Som-

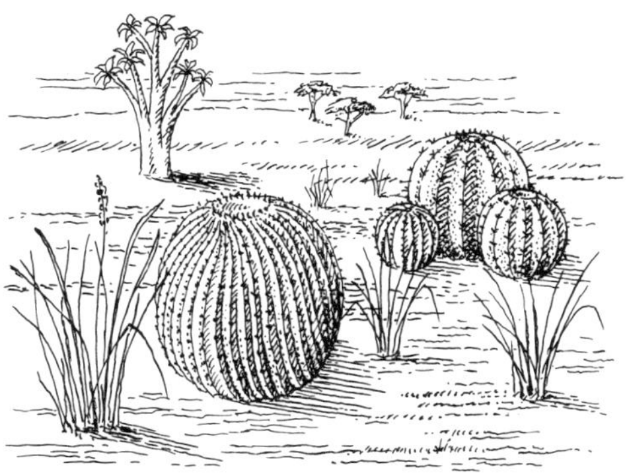

Viel Licht brauchen auch die Kakteen der weiten Ebenen und Hügel

Trockenzeit endet im späten Frühjahr (Mai)

Kakteen wachsen gemeinsam mit anderen Steppenpflanzen

Trockenzeit beginnt ausgangs des Sommers

Die Heimat der Kakteen

Sommertemperaturen: 30–35°C, nachts starke Abkühlung Winter: um 20°C, nachts um 5°C

Unproblematisch auch für die Sammlung am Wohnungsfenster

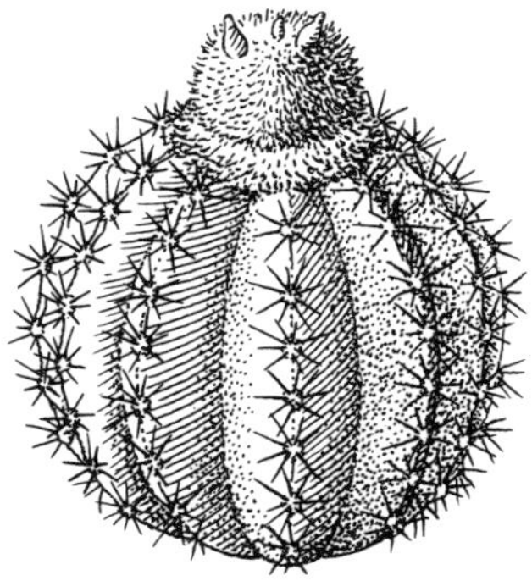
Melocactus neryi

Die Niederschläge setzen hier zeitiger im Jahr ein und fallen reichlicher

mer 30 bis 35°C, nachts kann es sich bis auf 10°C abkühlen. Im Winter steigen die Tagestemperaturen bis auf 20°C und sinken in der Nacht auf 10°C bis 5°C und darunter.

In Bezug auf Niederschlag und Temperatur sind die Kakteenstandorte der Höhenlagen Mittelamerikas, des Hochlandes von Mexiko und der Region zur Ostküste Mexikos diesem Klimatyp zuzurechnen. Hier entwickelten die Kakteen eine außerordentliche Artenvielfalt: *Aporocactus, Echinocactus, Echinofossulocactus, Hamatocactus, Leuchtenbergia, Lophophora, Astrophytum, Coryphantha, Dolichothele, Escobaria, Gymnocactus, Mammillaria, Turbinicarpus* und *Thelocactus* sind nur einige Gattungen, denen die hier vorkommenden Arten angehören.
In Südamerika sind die Kakteenstandorte im Grand Chaco, die Trockenpampas von Argentinien und die Bergregionen von Uruguay, Paraguay und dem südlichen Brasilien dem Klimatyp der »weiten Ebenen und Hügel« zuzurechnen. Im Vergleich zu den nordamerikanischen Standorten setzen hier die Niederschläge zeitiger im Frühjahr ein und auch während der Trokkenzeit gibt es gelegentlich Regen, der aber schnell wieder verdunstet ist. Hier wachsen zum Teil im Steppengras versteckt oder im Schutz von Dornengestrüpp vor allem *Gymnocalycium, Frailea, Echinopsis* und *Parodia.*

Verschiedene Bedingungen an den Heimatstandorten

Reichlich Niederschläge, fast das ganze Jahr, fallen in den Bergen von Uruguay und Paraguay und nördlich von São Paulo und Rio de Janeiro. Damit sind die Voraussetzungen für eine bodendeckende Vegetation gegeben. Aber an Hängen und exponierten Stellen ist es dennoch trocken. *Notocactus, Eriocactus, Brasilicactus, Cleistocactus* und *Frailea* haben hier günstige Wachstumsbedingungen gefunden. Auch die vielen brasilianischen Säulenkakteen wachsen unter klimatischen Verhältnissen, die den hier beschriebenen gleichen.

Gleichmäßig warme Standorte ohne ausgeprägte Trockenzeit

Trockeninseln

In der Region des tropischen Regenwaldes wird man kaum Kakteenstandorte vermuten. Jedoch an Stellen mit örtlich geringerem Niederschlag, sogenannten »Trockeninseln«, und, wo das Wasser an Hanglagen schnell abläuft oder aufgrund entsprechender Bodenverhältnisse versickert, herrscht bei Temperaturen zwischen 25°C und 35°C noch Trockenheit, auch wenn im Monat schon 200 mm Niederschlag fallen. So können sich an solchen Stellen, meist eng begrenzt, verschiedene Kakteen ansiedeln. *Melocactus, Discocactus* und *Uebelmannia* sind typische Vertreter der feuchtwarmen Region. Auch der Weihnachtskaktus *(Schlumbergera)* ist mit seinen Temperaturansprüchen hier einzugliedern. Er benötigt allerdings zum Knospenansatz eine Ruheperiode von August bis Oktober.

Wintertemperaturen über 15°C, trockener Boden, aber höhere Luftfeuchtigkeit

Entwicklung von *Schlumbergera* (Weihnachtskaktus) im Jahreslauf

Jan.	Febr. März Apr.	Mai Juni Juli	Aug. Sept. Okt.	Nov. Dez.
Blüte →	günstige Zeit zum Umpflanzen →	Freiland-aufenthalt →	leichte Ruhezeit →	Blüte →
Standort:	hell, warm, normal gießen	lichter Schatten, normal gießen	hell, kühl (15...18°C), relativ trocken	hell, warm, normal gießen*

* ab Knospenansatz Pflanze nicht mehr drehen oder umstellen, sonst werden Knospen abgeworfen

Die Heimat der Kakteen

Epiphytische Kakteen sind gut zur Ampelbepflanzung geeignet

Temperaturansprüche sind je nach Herkunft unterschiedlich

Typische Vertreter

Man sollte epiphytische Kakteen auch im Winter gießen

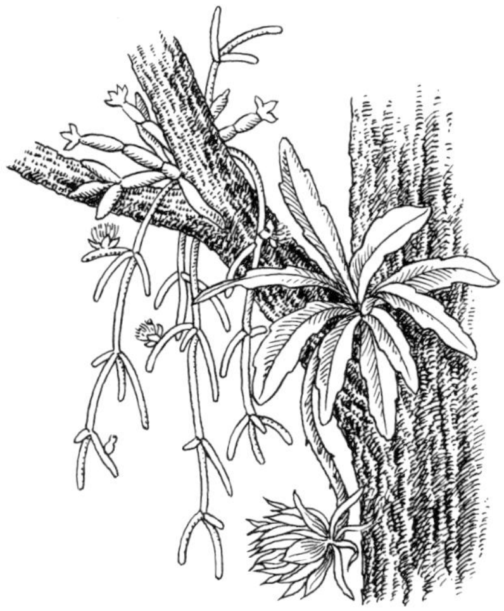

Epiphytisch wachsende Kakteen lieben Halbschatten und viel frische Luft

▷ Blütenpracht bei *Nopalxochia phyllantoides*

Wintertemperaturen nicht unter 15°C, geringe Bodenfeuchte, aber hohe Luftfeuchtigkeit lieben diese Arten. Bei der Pflege gemeinsam mit Kakteen anderer Regionen muß man dies unbedingt beachten.

Standorte epiphytisch wachsender Kakteen

Im feuchtwarmen Klima, ohne Trokkenzeit, wachsen auch die epiphytischen Kakteen. Hinsichtlich der Temperaturen ist das Spektrum weit gefächert. An den tropischen Standorten kühlt sich die Luft kaum unter 20°C ab, dagegen wird es in höheren Regionen deutlich kühler.

Im Schatten der Baumkronen, in Astgabeln oder wo sich sonst etwas Humus sammelt, wachsen *Nopalxochia, Epiphyllum, Rhipsalis, Hatiora, Disocactus.* Der Niederschlag ist in luftiger Höhe schnell wieder abgelaufen. Die Pflanzen solcher Standorte müssen nicht für lange Trockenzeiten Wasser sammeln, denn der nächste Regen kommt bald. Entsprechend ist der Pflanzensproß nicht als dicker, runder Speicher ausgebildet, sondern flach, wie ein Blatt gebaut oder langgestreckt, wie Lianen den Standortbedingungen angepaßt.

Bewohner dieser Kakteenstandorte wurzeln in rein humosem Substrat, das gut mit Nährstoffen versorgt ist. Nur der Stickstoff wird durch den hohen Anteil organischer Substanz über Mikroorganismen gebunden und ist deshalb nur begrenzt pflanzenverfügbar.

Wie sind Kakteen angepaßt

Charakteristische Kakteenlandschaften

Die charakteristischen Kakteenlandschaften sind die Trockengebiete um die Wendekreise, also den 16. und 32. Breitengrad. Die Sonne strahlt dort etwa mit doppelter Kraft wie bei uns, doch die Niederschläge liegen die längste Zeit des Jahres unter der temperaturabhängigen möglichen Verdunstung. Unter solchen Bedingungen können die Pflanzen dem Boden kein Wasser entziehen und müssen vertrocknen. Bis zur nächsten Regenzeit überdauern dann Samen, Zwiebeln oder Knollen. Nur die Kakteen legen während der Regenzeit einen Wasservorrat an, von dem sie in der Trockenzeit zehren. So kommt es, daß sie in den Trockengebieten Amerikas die dominierende Vegetation bilden und die größte Artenvielfalt entwickelten.

Dürre = monatliche Niederschlagsmenge < Durchschnittstemperatur × 2

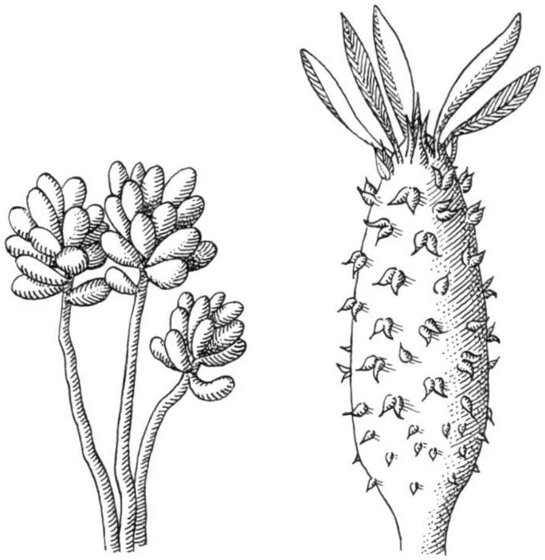

Blattsukkulente (links) und Stammsukkulente (rechts)

Sukkulente – wasserspeichernde Pflanzen mit verdicktem, blattlosem Stamm oder verdickten Blättern

Kakteen gehören zur großen Gruppe der Sukkulenten, die sich durch besondere Anpassung ihrer Oberfläche vor Verdunstung schützen können und so auf sehr trockenen Standorten vorkommen. Je nachdem, in welchem Pflanzenteil Wasser gespeichert wird, unterscheidet man zwischen Blatt- und Stammsukkulenten. Kakteen sind Stammsukkulenten.

Blattsukkulenten	Stammsukkulenten
Agaven[2]	Kakteen[1]
Aloe[2]	Wolfsmilcharten[2]
Mittagsblumen[2]	Stapelien[2]
Dickblattgewächse[2]	u. a.
u. a.	

Verbreitung

1 ausschließlich »Neue Welt«; einzige Ausnahme *Rhipsalis*-Arten

2 90 % der Arten in der »Alten Welt« (Afrika, Madagaskar, Indien usw.)

Stammesgeschichte

In der stammesgeschichtlichen Entwicklung der Kakteen sind die Blätter schon sehr früh zurückgebildet worden. Die Urform der Kakteen waren dünntriebige, gestrüppartig wachsende Pflanzen mit Dornen und ledri-

◁ Wehrhafte Pracht in der extrem trockenen Baja California

Die Heimat der Kakteen

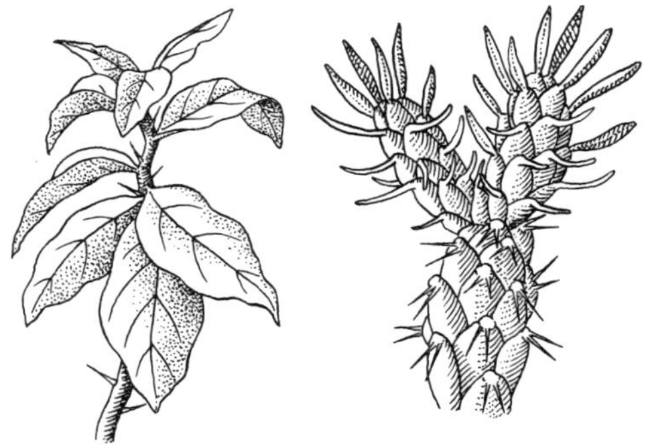

Pereskia, eine Urform der Kakteen

Cylindropuntia, mit reduzierten Blättern und verdicktem Stamm

gen Blättern. In Trockenzeiten wurden die Blätter abgeworfen und so die Verdunstung eingeschränkt. Noch heute zeigen die *Pereskia* diese Wuchsform. In der weiteren Anpassung an lange Trockenperioden wurde die Blattfläche immer weiter reduziert, dafür aber der Stamm verdickt und als Wasserspeicher ausgebaut. Bei vielen *Opuntia* findet man nur noch im Neutrieb kleine walzenförmige Blattreste, die jedoch bald abgeworfen werden.

Von Säulenformen zu Kugelkakteen

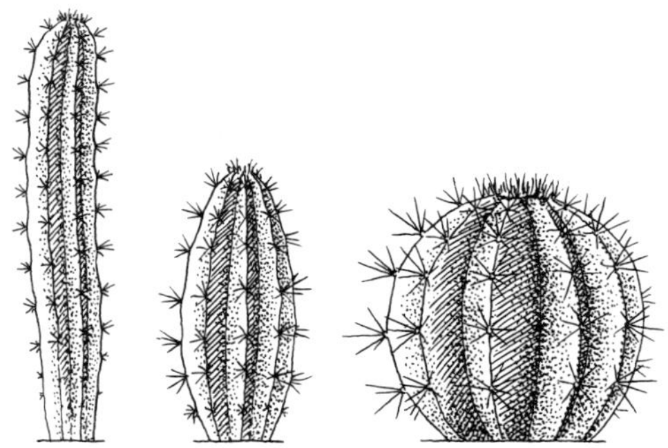

Von der Säule zur Kugel

Ein anderer Zweig am Stammbaum der Kakteen führt über die Säulenkakteen zu den Kugelkakteen. Die Kugel ist die geometrische Form, die mit kleinster Oberfläche das größte Volumen überspannt.

Imponierend sind die Wassermengen, die ein großer Kaktus in seinem Körper speichern kann. So berechnete man, daß eine mehrere Meter hohe *Carnegiea gigantea* (wird bis 15 m hoch) 2000 bis 3000 l Wasser enthält.

Anpassung des Pflanzenkörpers

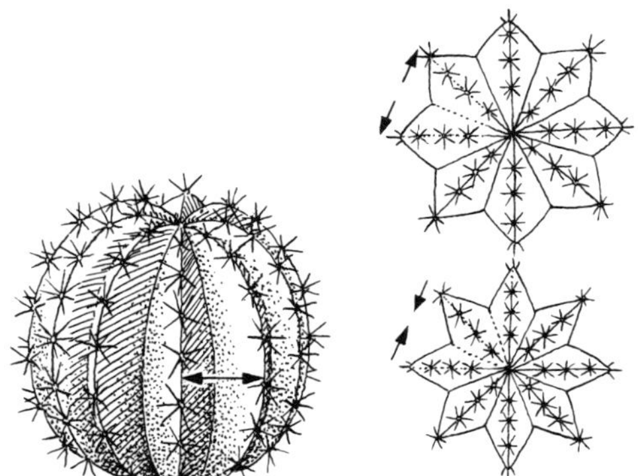

Rippen ermöglichen eine Volumenänderung

Durch die Wasseraufnahme kommt es zur erheblichen Volumenvergrößerung des Pflanzenkörpers, was ohne die charakteristische Rippenform zwangsläufig zu Spannungen und Rissen der Oberhaut führen würde. Messungen haben ergeben, daß sich bei ausreichender Wasserversorgung der Abstand von Rippe zu Rippe vergrößert, während er sich verringert, wenn die Wasserzufuhr stoppt.

Eine weitere Folge von Wassermangel ist die Abnahme des Zelldrucks (Turgor) und eine Erhöhung der Zellsaftkonzentration. Damit vergrößert sich die Kraft, mit der die Wurzel das Wasser aus dem Boden aufnimmt und nach oben befördert.

Anpassung der Wurzel

Pfahlwurzler

Zwei Wurzeltypen kann man bei Kakteen unterscheiden: die Pfahlwurzel und die Flachwurzel. Die Pfahlwurzel geht senkrecht in die Erde und führt der Pflanze tieferliegendes Sicker- und Grundwasser zu. Vorwiegend findet man diesen Wurzeltyp bei Gebirgskakteen an Standorten im Geröll oder in Felsspalten. Die Wurzeln können viele Meter tief in Ritzen und Hohlräume vordringen. Oft sind die Wurzeln auch rübenartig verdickt und können unter der Erdoberfläche, vor der Sonne geschützt, sehr viel Wasser speichern. Zu den Rübenwurzlern zählen *Lobivia, Mediolobivia, Rebutia, Aylostera, Turbinicarpus* sowie etliche Vertreter der Gattung *Gymnocalycium.*

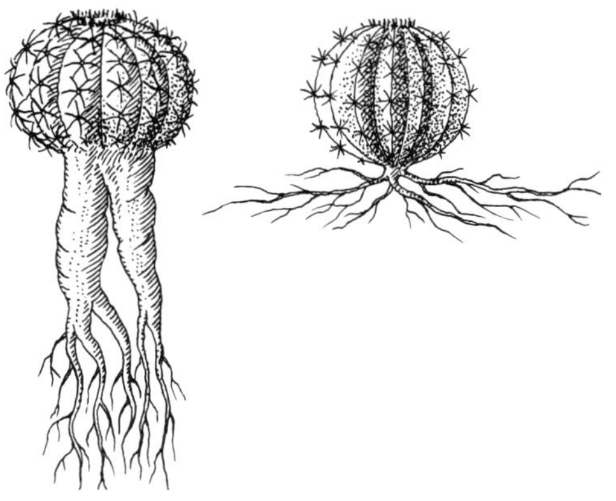

Pfahl- und Flachwurzel

Pflege von Pfahlwurzlern

In der Kultur führt das gelegentlich zu Problemen, wenn die Länge der Rübenwurzel, die Pflanzengröße und der Topf nicht harmonieren wollen. Zweckmäßig pflanzt man mehrere Kakteen gemeinsam in einen genügend hohen Topf. Ungünstig und deformierend ist es, die Wurzel auf das entsprechende Maß einzukürzen. Danach muß die Pflanze ohne Erde liegen, bis die Schnittstelle richtig abgetrocknet bzw. verheilt ist. Getopft wird in trockene Erde. Drei bis acht Tage sollte man noch mit dem Gießen nach solch einer »Operation« warten.

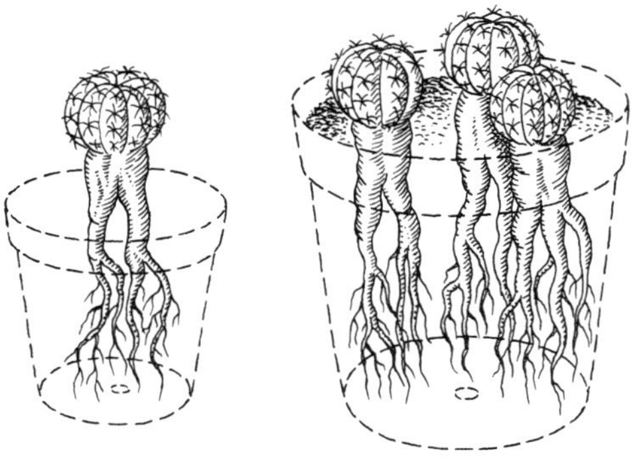

Mehrere Pfahlwurzler gedeihen besser in einem hohen Topf

Die Heimat der Kakteen

Flachwurzler

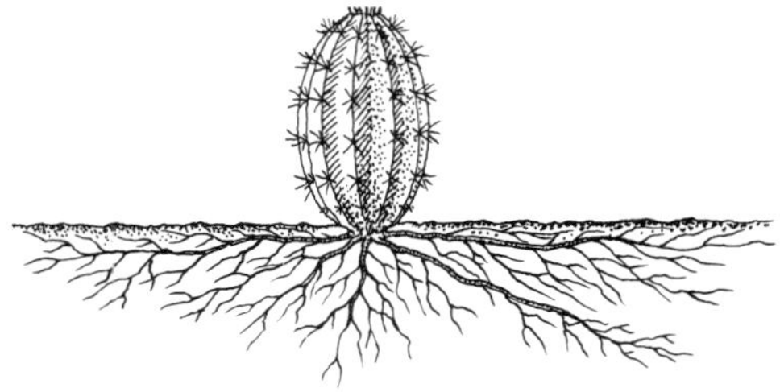

Flachwurzler benötigen eine große Fläche

Weit häufiger tritt bei Sukkulenten der zweite Wurzeltyp auf. Stark verzweigt verläuft das Wurzelgeflecht dicht unter der Erdoberfläche. Vor allem auf niederschlagsarmen Ebenen mit häufigem Nebel haben sich die Pflanzen darauf eingestellt, minimale Feuchtigkeitsmengen, die kaum ins Erdreich eindringen, zu nutzen. Der Morgentau spielt für die Wasserversorgung darauf eingerichteter Pflanzen eine große Rolle. Auch er wird über die flach unter oder an der Erdoberfläche verlaufenden Wurzeln aufgenommen.

Flächenausdehnung der Wurzeln

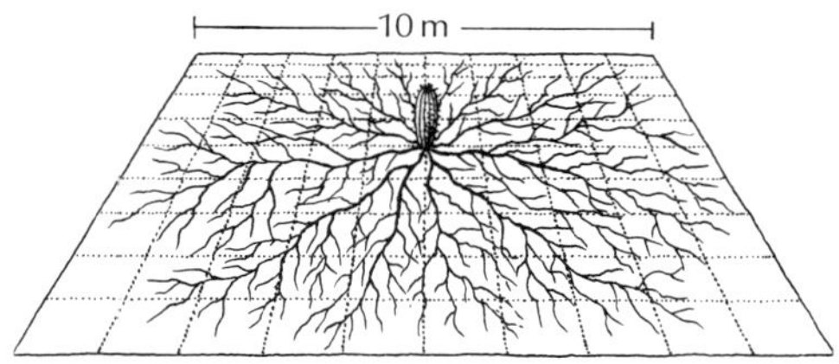

Großflächige Wasseraufnahme

Zwischen der Niederschlagsmenge und der Bestandsdichte läßt sich eine direkte Beziehung feststellen. Mit geringerwerdender Niederschlagsmenge nehmen die Abstände zwischen den Pflanzen zu, die Zwischenräume sind von Wurzeln durchzogen, die jeden Quadratzentimeter nach Feuchtigkeit »absuchen«. Untersuchungen ergaben, daß ein knapp 1 m hoher *Pachycereus* im Umkreis von etwa 5 Metern mit seinen Wurzeln praktisch »allgegenwärtig« ist und auf Niederschläge »wartet«. Das entspricht einer Fläche von etwa 100 m^2!

Pflanzschalen sind besser als Töpfe

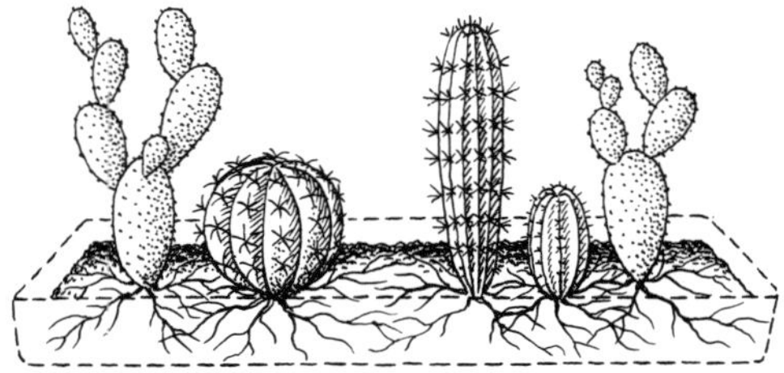

Flachwurzler ausgepflanzt in einer Schale

Als praktische Konsequenz sind breite Pflanzgefäße für Flachwurzler zu verwenden. Noch besser entwickeln sich solche Arten ausgepflanzt in einer Schale oder einem Beet.
Während extremer Trockenperioden verdorren die feinen Faserwurzeln. Doch schon geringe Niederschlags-

mengen veranlassen die Kakteen zur Neubildung von Saugwurzeln. Beispielsweise bildeten *Opuntia* nach sechsmonatiger Trockenheit binnen acht Stunden neue, funktionsfähige Faserwurzeln.

Wurzeln als Anker

Neben der lebenswichtigen Funktion der Wasseraufnahme haben die Wurzeln eine weitere, nicht zu unterschätzende Aufgabe: Sie müssen für den Halt der Pflanze im Boden sorgen. Besonders bei meterhohen Säulenkakteen, die aufgrund des Wassergehaltes auch ein beachtliches Gewicht haben, ist eine gute Verankerung im Boden und eine enorme Reißfestigkeit notwendig. Wer schon einmal versucht hat, ein Stück von einer Wurzel abzureißen, konnte sich von der Zähigkeit dieses Pflanzenorgans überzeugen.

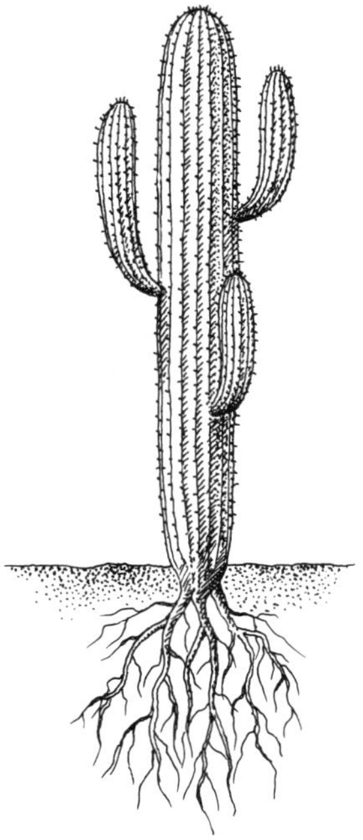

Wurzeln halten die Pflanze

Areolen

Neben den Rippen ist die Bildung von Areolen typisches Merkmal der Kakteen. Areolen nennt man die reduzierten Blattanlagen. Sie sind der Ort, an dem sich Dornen, Borsten, Haare, Wollpolster oder Glochiden bilden. In welchem Bereich Blütenknospen entstehen, ist für jede Gattung charakteristisch. So legen *Parodia* die Blüten im Scheitel an, während *Rebutia*-Arten die Knospen an der Basis des Pflanzenkörpers entwickeln. Nur bei der *Mammillaria* sitzen die Dornen auf der Warze, während der Vegetationspunkt zwischen den Warzen (Axillen) angesiedelt ist.

Dornen, keine Stacheln

Verschiedene Dornenformen:
- **nadelig**
- **konisch**
- **borstig**
- **hakig**
- **Glochiden**

Die Heimat der Kakteen

Aufgaben der Dornen

Häufig spricht man von »Stacheln« der Kakteen. Botanisch richtig handelt es sich aber um Dornen. Je nach Ausbildung haben sie ganz verschiedene Aufgaben zu erfüllen: Der Schutz vor Tierverbiß ist die wichtigste Funktion. Hakendornen haften im Fell vorbeilaufender Tiere, die Pflanzenteile abbrechen und an anderer Stelle wieder abschütteln und so zur Verbreitung der Art beitragen.

Dichte weiße Haare oder Wollpolster schützen den Pflanzenkörper tagsüber bei intensiver Sonneneinstrahlung vor übermäßiger Erwärmung und in der Nacht vor starker Abkühlung. Besonders behaart sind Arten, die unter extremen Temperaturgegensätzen wachsen *(Espostoa, Cephalocereus).*

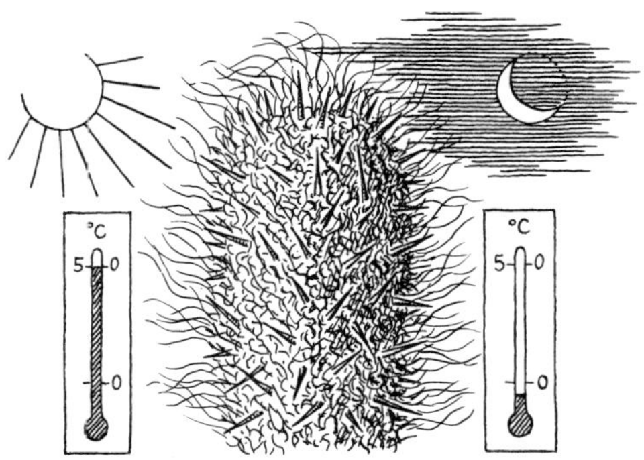

Wollhaare schützen vor extremen Temperaturschwankungen

Aufnahme von Feuchtigkeit über Dornen

Neueren Forschungen zufolge können Kakteen auch aktiv Feuchtigkeit über die Dornen aufnehmen. Feine Kanäle führen ins Pflanzeninnere und leiten so zum Beispiel den morgendlichen Tau in die Pflanze. Die Feinstruktur der Dornen wird unter anderem beim Gießen deutlich, wenn die sonst kalkgrau gefärbten Dornen von *Gymnocalycium saglione* plötzlich bernsteinfarben erscheinen.

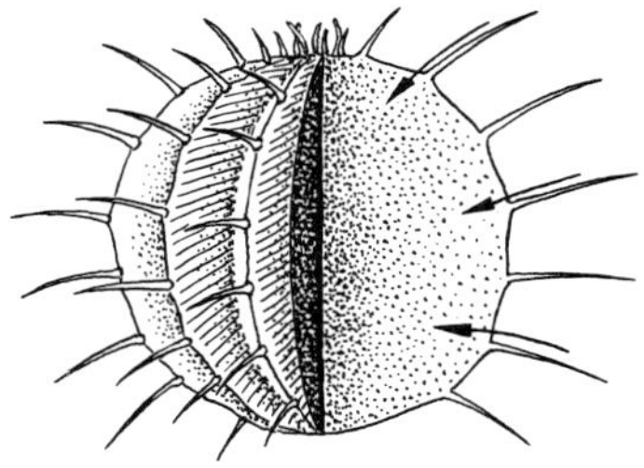

Wasseraufnahme über die Dornen

Versuch zur Wasserspeicherung am Beispiel eines *Ferocactus*

Soll das mühsam dem Boden entnommene Wasser als Vorrat bis zum Ende der Trockenzeit dienen, muß es gespeichert und gegen unproduktive Verdunstung geschützt werden. Wie vollkommen das den Kakteen möglich ist, zeigt folgender eindrucksvoller Versuch, der im »Wüstenlabor« in der

Sonora-Wüste durchgeführt wurde: Ein knapp 38 kg schwerer *Ferocactus* wurde ausgegraben und ohne jegliche Wasserzufuhr schattig gelagert. Nach sechs Jahren hatte er ca. ein Drittel seines Gewichtes verloren, der Wassergehalt betrug aber wie zu Beginn des Versuches 94 Prozent. Der Gewichtsverlust war demnach allein durch den Stoffabbau infolge der Atmung zustandegekommen.

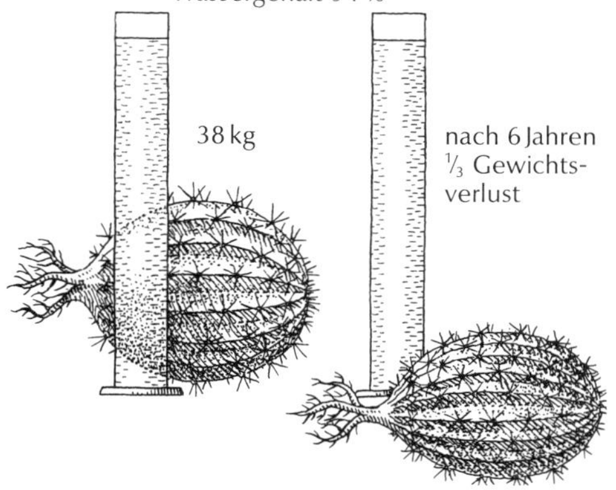

Härtetest

Diese erstaunliche Leistung ist den Kakteen nur durch eine zweckentsprechende Anpassung möglich: Die Wassereinlagerung in den Zellen der Kakteen findet sich häufig als Schleim oder Milchsaft. Nach außen wird das Speichergewebe durch eine dicke, ledrige Zellschicht (Cuticula) abgeschlossen und geschützt. Teilweise hat die Cuticula wachsartige Auflagen zur Verminderung der Transpiration. Die Spaltöffnungen sind zur Verringerung der Transpiration vorsorglich in »Gruben« im Gewebe eingesenkt, also nicht so exponiert wie bei anderen Pflanzen. Bei vielen Arten ist der Pflanzenkörper mit dichtstehenden Dornen, Borsten oder einem dicken Wollkleid schützend umgeben.
Entscheidend für die erfolgreiche Wasserspeicherung ist jedoch ein etwas veränderter Ablauf der Assimilation.

Aufbau des Speichergewebes

Verdunstungsschutz durch:
- **verdickte Zellen der Oberhaut**
- **wachsartige Auflage**
- **dichte Borsten**
- **Dornen o. ä.**

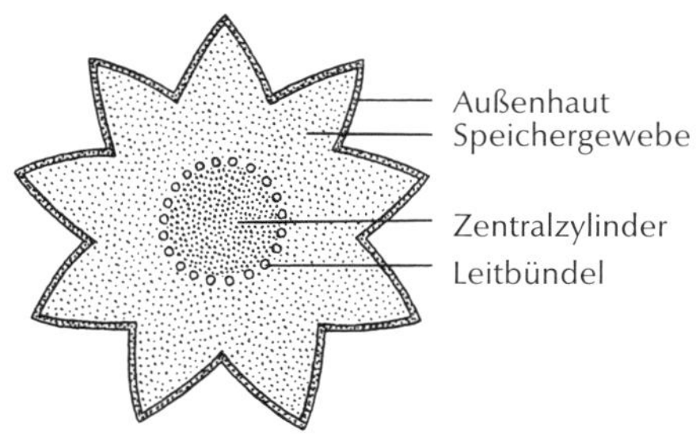

Schnitt durch einen Kaktus

Die Heimat der Kakteen

Funktion der Spaltöffnungen

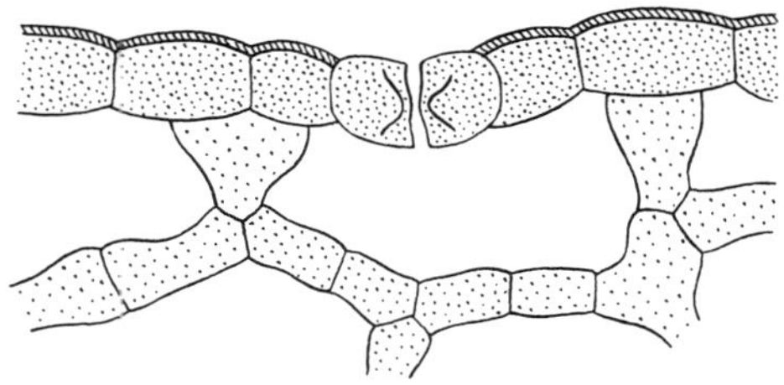

Gewebeaufbau mit Spaltöffnung

Zum Stoffaufbau wird aus der Luft das nur zu 0,03 Vol % enthaltene CO_2 aufgenommen. Den Gasaustausch zwischen Außenluft und Pflanzeninnerem regeln die Spaltöffnungen.

Sind sie geöffnet, wird unvermeidlich auch Wasser verdunstet und an die Umgebung abgegeben. Je geringer die Luftfeuchtigkeit ist, desto größer ist der Wasserverlust über die Spaltöffnungen. Im Normalfall wird der Verlust durch Wasseraufnahme über die Wurzel ausgeglichen. Ist dies nicht im vollen Umfang möglich, läßt der Zelldruck nach und die Spaltöffnungen schließen sich.

Besonderheit bei Kakteen: nächtlicher Gasaustausch zur Schonung des Wasserhaushaltes

Für Kakteen und andere Sukkulenten hätte das zur Folge, daß sie während der langen Trockenzeiten überhaupt nicht assimilieren, also Substanz aufbauen können. Nur durch einen etwas geänderten Ablauf der Vorgänge können die wasserspeichernden Bewohner der Trockengebiete die Assimilation durchführen, ohne dabei unnötig Wasser zu verlieren. Die Aufnahme des CO_2 ist bei dieser Pflanzengruppe in der Nacht möglich. Es wird an das im Pflanzenkörper reichlich vorhandene Wasser zu Kohlensäure gebunden und steht am folgenden Tag für die Photosynthese schon im Pflanzenkörper zur Verfügung, ohne daß die Spaltöffnungen zum Gasaustausch geöffnet werden müßten. Natürlich wird durch diesen »Umweg« die Assimilationsleistung der Pflanze stark verringert. So erklärt sich auch, weshalb die Kakteen uns soviel Geduld hinsichtlich des Zuwachses abverlangen.

Sehr langsames Wachstum

Was ein Kaktus braucht

Jede Pflanze benötigt für Wachstum und Entwicklung bestimmte Voraussetzungen. Diese Bedingungen nennt man auch Wachstumsfaktoren. Neben der Nährstoff- und Wasserversorgung gehören dazu Licht, Temperatur und Luft. Alle Wachstumsfaktoren sind auch für Kakteen lebensnotwendig und haben maßgeblichen Einfluß auf die Gestaltung des Stellplatzes. Obwohl einzelne Vertreter der Pflanzenfamilie verschiedene Ansprüche stellen, muß man immer die enge Wechselbeziehung zwischen Licht, Temperatur und Luftverhältnissen beachten. Es ist nur sehr bedingt möglich, einen Faktor losgelöst von den anderen zu betrachten. Die unterschiedlichen Ansprüche an die Wachstumsfaktoren sind hauptsächlich von der Jahreszeit und der Kakteenart abhängig.

Licht
Seite 28

Temperatur
Seite 31

Luft
Seite 33

Was ein Kaktus braucht

Sonnenlicht als Energiequelle für den Stoffaufbau, Photosynthese
$6\,CO_2 + 12\,H_2O \rightarrow C_6H_{12}O_6 + 6\,H_2O + 6\,O_2$

Einfluß des Lichtes auf das Aussehen der Kakteen

Unterschiedliche spektrale Zusammensetzungen des Lichtes

Durch Glas wird die UV-Strahlung abgefiltert

Die UV-Strahlung hemmt, die IR-Strahlung fördert das Längenwachstum

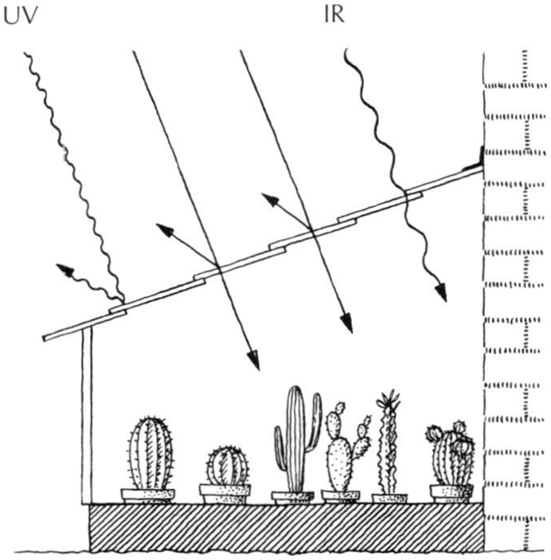

Unterschiedliche Reflexion der Lichtbestandteile
UV = Ultraviolettes Licht, kalte Strahlung
IR = Infarotes Licht, warme Strahlung

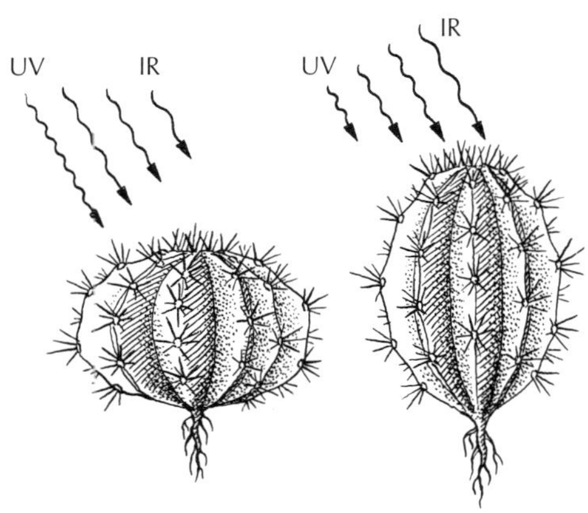

Starke UV-Strahlung bewirkt Hemmung des Längenwachstums (links)
Wärmende IR-Strahlung fördert das Längenwachstum (rechts)

Licht

Gerade für die Kakteen hat das Licht eine besonders große Bedeutung. Ganz allgemein erfüllt es bei den Pflanzen verschiedene Funktionen:
1. Es bildet die Energiequelle für die Photosynthese. Mit Hilfe des Sonnenlichtes werden energiereiche Phosphorverbindungen aufgebaut, die zur Synthese des Traubenzuckers aus CO_2 und H_2O benötigt werden.
2. Auf das Äußere der Pflanze hat das Licht ebenfalls einen großen Einfluß. Aus Amerika oder Teneriffa importierte Kakteen zeigen eine viel kräftigere Bedornung und sind gedrungener gewachsen als in unseren Breiten gezogene Pflanzen der gleichen Art. Die Ursache ist in der spektralen Zusammensetzung des Lichtes zu suchen. Die kurzwelligen Bereiche des Lichtes, besonders der UV-Anteil, wird durch die Luft und auch durch das Glas viel stärker abgefiltert als der langwellige Anteil mit der infraroten Wärmestrahlung. Folglich ist die spektrale Zusammensetzung des Sonnenlichtes im Hochgebirge oder in Äquatornähe eine andere als bei uns hinter der Fensterscheibe.

In unseren Breiten ist die UV-Strahlung relativ gering, während die langwellige Wärmestrahlung noch gut ankommt. Da sich die UV-Strahlung hemmend, aber das langwellige Licht fördernd auf das Längenwachstum auswirken, bleiben die Pflanzen unter günstigen Lichtverhältnissen schön kurz und gedrungen, während sie bei Mangel an Licht und warmem Standort früher oder später unnatürlich lang werden.

Deshalb muß der hellste Platz am Fenster den Kakteen vorbehalten bleiben. Direkter Sonnenlichteinfall ist für die Kakteen erforderlich. Ein Südfenster ist natürlich optimal, doch auch Ost- oder Westfenster sind für die Kakteen vertretbar. Ostlagen sind den Westlagen vorzuziehen, da bei ersteren die Morgensonne allmählich an Intensität zunimmt, während bei letzteren die Pflanzen plötzlich mit der vollen Kraft der Nachmittagssonne beschienen werden. Reine Nordlagen sind für Kakteen ungeeignet. Wo kein Sonnenstrahl für gesundes Wachstum sorgen kann, sollte man besser Pflanzen mit geringeren Lichtansprüchen kultivieren, als sich früher oder später über Mißerfolge ärgern zu müssen. Aber vielleicht findet sich eine Möglichkeit, die Pflanzen den Sommer über im Garten oder im Hof unterzubringen.

Neben der Himmelsrichtung beeinflussen auch andere Faktoren den Lichteinfall durch die Fenster. Große Bäume und Nachbarbebauung können auch ein Südfenster sehr schattig werden lassen. Eine Parterrewohnung bekommt in aller Regel weniger Licht als eine höherliegende.
Auch in einer hellen Wohnung gehören die Kakteen direkt ans Fenster. Mit dem Quadrat der Entfernung nimmt

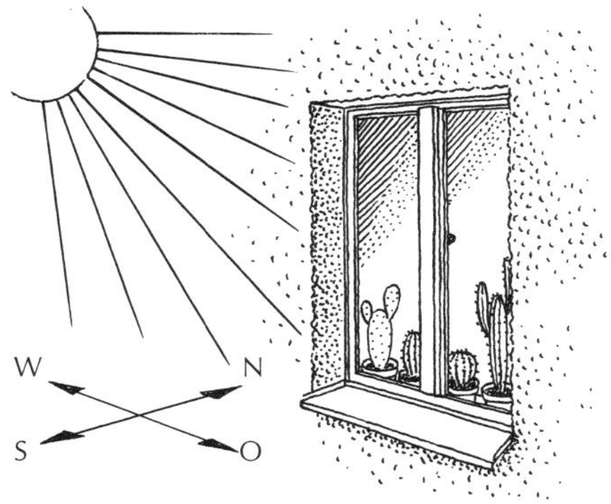

Der hellste Fensterplatz gebührt den Kakteen

Sehr gut
Südfenster
Ostfenster
Westfenster
Nordfenster
Ungeeignet

Anzustreben ist ein Sommerquartier unter freiem Himmel

Lichtverlust durch große Bäume

Direkter Fensterplatz

Was ein Kaktus braucht

Lichtansprüche verschiedener Kakteen

Höchste Lichtansprüche, hellster Standort, direkte Sonne		Geringe Lichtansprüche, halbschattiger Standort, Schattieren bei starker Sonneneinstrahlung	
Aylostera	*Astrophytum*	*Echinofossulocactus*	*Epiphyllum*
Echinocereus	*Echinocactus*	*Echinopsis*	*Disocactus*
Lobivia	*Mammillaria*	*Gymnocalycium*	*Hatiora*
Mediolobivia	*Parodia*	*Hamatocactus*	*Rhipsalis*
alle Kakteen mit Rübenwurzeln	*Thelocactus*	*Melocactus*	*Selenicereus*
	Turbinicarpus	*Notocactus*	*Schlumbergera*

die Helligkeit ab. Sicher ist es nicht immer einfach, einen Kompromiß zu finden, um den problemlosen Zugang zum Fenster zu gewährleisten. Wenn alle Töpfe auf einem gemeinsamen Untersetzer stehen, kann man sie mit wenigen Handgriffen beiseite stellen. Eine andere Möglichkeit ist, die Kakteen gleich zusammen in einen Balkonkasten zu pflanzen.

Der Lichtbedarf ist von Art zu Art unterschiedlich

Bei der Auswahl Lichtverhältnisse mit berücksichtigen

Die Sonneneinstrahlung auf dem vorgesehenen Kakteenstandplatz läßt sich nur wenig beeinflussen. Dagegen kann man bei der Auswahl der Arten die Gegebenheiten berücksichtigen und teilweise einen Ausgleich schaffen. Kakteen sind sehr lichtbedürftig, das ist grundsätzlich zutreffend, doch gibt es unter der großen Zahl von Arten auch noch erhebliche Unterschiede. Die heimatlichen Standortbedingungen geben am besten Auskunft über die Ansprüche der einzelnen Arten.

Höchste Ansprüche an die Lichtverhältnisse

Kakteen aus den Steppen der weiten Ebenen und Hügel

Epiphytische Kakteen

Geringere Ansprüche, im Sommer Halbschatten

Die höchsten Lichtansprüche haben die Kakteen der Gebirgsstandorte. Je höher der Standort ist, desto geringer wird die Filterwirkung der Luft. Entsprechend sind die Pflanzen in ihrer Heimat in starkem Maße der längenwachstumshemmenden UV-Strahlung ausgesetzt. Bei schlechten Lichtverhältnissen werden zuerst Pflanzen aus solchen Regionen durch unnatürliches Längenwachstum ihr normales Aussehen verlieren. Unterstützt wird dieser Vorgang durch die wachstumsfördernden Bedingungen wie Feuchtigkeit und Wärme. Zum Blütenansatz benö-

Alle Kakteen auf einem Untersetzer

tigen auf Gebirgsstandorten beheimatete Arten eine kühle Überwinterung. Fehlenden Sonnenschein und Mangel an frischer Luft vertragen sie am schlechtesten.
Etwas toleranter hinsichtlich des Lichtbedarfs sind die Arten der »weiten Ebenen und Hügel«. Durch die verhältnismäßig reichen Sommerniederschläge bildet sich eine etwas schattenspendende Begleitvegetation aus Steppengras, Dornengestrüpp und regengrünen Galeriewäldern. Eine große Zahl der hier heimischen Kakteen lassen sich ohne Probleme auch auf dem Fensterbrett kultivieren und sind jedem, der noch wenig Erfahrung im Umgang mit Kakteen hat, zu empfehlen.
Am geringsten sind die Lichtansprüche der epiphytisch wachsenden Kakteen. Sie stammen aus den Regenwäldern von Mittel- und Südamerika. Sie sollten auch bei uns im Sommer etwas Schutz vor direkter Sonne bekommen, also im Halbschatten stehen, aber viel frische Luft haben. Das trifft vor allem für *Epiphyllum* und *Rhipsalis* zu.

Besonders für Anfänger geeignet:
- ***Gymnocalycium***
- ***Mammillaria***
- ***Notocactus***

Epiphytische Kakteen lieben viel frische Luft

Temperatur

Der Stellplatz für Kakteen muß auch hinsichtlich der Temperatur bestimmte Bedingungen erfüllen. Weitestgehend lassen sich die Anforderungen mit dem Wohnraumklima vereinigen. Es ist wichtig, den engen Zusammenhang zwischen Temperatur und Licht zu beachten. Grundsätzlich ist zu sagen, daß

Temperaturbedürfnisse von Kakteen verschiedener Standorte
(Angaben in °C als Richtwert: Nacht – trüber Tag – sonniger Tag)

	Sommer	Winter
Kakteen der Gebirgsstandorte	5 – 15 – 40	0 – 5 – 10
Kakteen der weiten Ebenen und Hügel	10 – 20 – 30	5 – 10 – 15
Kakteen von gleichmäßig warmen Standorten	15 – 20 – 35	15 – 20 – 25
epiphytisch wachsende Kakteen	5 – 20 – 30	5 – 10 – 15

Zwischen Licht und Temperatur besteht ein enger Zusammenhang

Was ein Kaktus braucht

Viel Licht

Höhere Temperaturen

Niedrigere Temperaturen

Wenig Licht

bei viel Licht höhere Temperaturen angebracht sind, bei trübem Wetter und schlechten Lichtverhältnissen sollten die Temperaturen niedriger liegen. Meist ergeben sich diese Relationen von allein. Bei Sonnenschein erwärmt sich die Luft auch am Zimmerfenster. Bei nicht ausreichender Erwärmung durch die Sonne wird im Winter über die Raumheizung für Wohlbefinden gesorgt. Die Mehrzahl der Kakteen benötigen weit geringere Temperaturen. Hier muß man einen Kompromiß finden.

Kakteen mögen es im Winter nicht so warm wie wir

Eine einfache Überlegung läßt die Zusammenhänge besser verstehen. Die Assimilation, also der Stoffaufbau ist von dem zur Verfügung stehenden Licht abhängig und läuft deshalb nur tagsüber ab. Dagegen ist der Stoffabbau durch die temperaturabhängige Atmung ein ständiger Prozeß. Bei schlechten Lichtverhältnissen mit hohen Raumtemperaturen wird mehr Stoff veratmet als durch die Assimilation aufgebaut werden kann. Diesen Verlust an Substanz kann die Pflanze natürlich nur eine begrenzte Zeit verkraften. Deshalb sollten die Temperaturen bei fehlendem Licht zur Assimilation im unteren Bereich des pflanzenverträglichen liegen. Aus dieser Erkenntnis müssen Kakteen im lichtarmen Winter kühl stehen.

Stoffaufbau (= Assimilation) ist lichtabhängig

Stoffabbau (= Dissimilation) ist temperaturabhängig

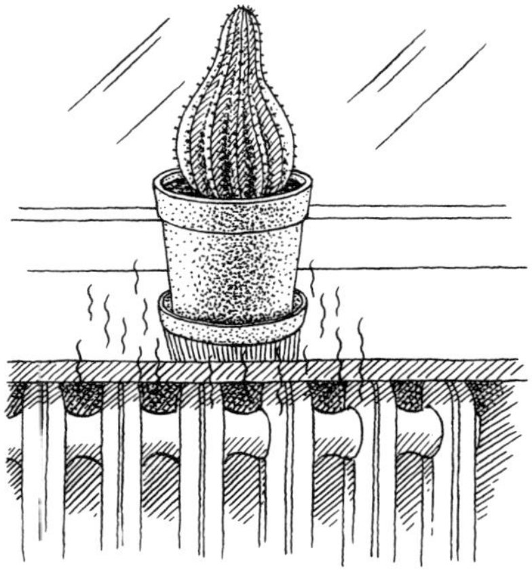

Warmer Standort und Wasser in der lichtarmen Jahreszeit führt zu deformiertem Wuchs

Bei schlechten Lichtverhältnissen sind niedrige Temperaturen angebracht

Luft

Luft ist ein Gemisch aus verschiedenen Gasen in einem relativ konstanten Verhältnis. Für jede Pflanze ist der Gehalt an Kohlendioxid (CO_2) besonders wichtig. Auch wenn der Anteil nur 0,03 Vol% beträgt, ist es doch das Ausgangsmaterial für alle organischen Stoffe der gesamten belebten Natur.

Zusammensetzung:
78 Vol.% Stickstoff
21 Vol.% Sauerstoff
0,03 Vol.% Kohlendioxid
0,97 Vol.% Sonstiges

Der zweite wichtige Bestandteil der Luft ist der Sauerstoff (O_2). Er wird für die Atmung benötigt. In diesem Prozeß werden organische Stoffe zerlegt und mit O_2 verbunden (oxidiert). Die dabei freiwerdende Energie wird für andere Lebensvorgänge benötigt.

Sauerstoff ist für die Atmung wichtig

Gasaustausch

Die Aufnahme und die Abgabe der Gase erfolgt über die Spaltöffnungen. Für das Funktionieren des Gasaustausches ist neben der frischen Luft auch eine gewisse Luftbewegung wichtig. Bei stehender Luft, zum Beispiel in einer Vitrine, kann der Gasaustausch gehemmt werden.

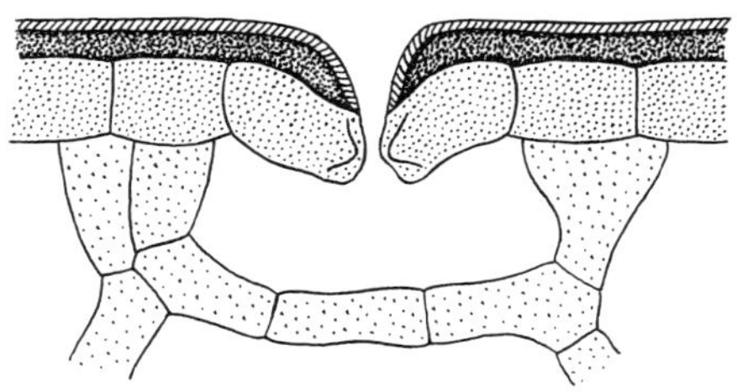

Spaltöffnungen regulieren den Gasaustausch

Für die Pflanze ist die Luftbewegung wichtig

Auch das Abtrocknen der Pflanzen nach dem Gießen wird durch Luftbewegung gefördert. Das ist wichtig, damit Pilzinfektionen kein Vorschub geleistet wird.

Überhitzung infolge fehlender Luftbewegung vertragen auch Kakteen nicht

Fehlende Luftbewegung in Verbindung mit starker Sonneneinstrahlung, zum Beispiel in einem Glaskasten (Aussaatkasten) oder Gewächshaus, kann zu Verbrennungen führen. Besonders das langwellige Licht heizt die Luft hinter Glas schnell auf, so daß es selbst einem Kaktus zu warm werden kann,

Was ein Kaktus braucht

wenn nicht für ausreichend Frischluft gesorgt wird. Lufttemperaturen über 50°C bleiben auch für Kakteen nicht ohne schädliche Folgen.

Zugluft ist schädlich für Pflanzen

So erwünscht eine leichte Luftbewegung für die Pflanzen ist, so unerwünscht ist Zugluft. Deshalb sollte man darauf achten, daß die Pflanzen nicht durch zugige Fensterritzen in ihrem Wohlbefinden beeinträchtigt werden. Schädlingsbefall an Pflanzen, die ständiger Zugluft ausgesetzt sind, zeigt, daß die natürliche Widerstandskraft geschwächt ist. In extremen Fällen kann es auch zu direkten Schäden, wie Frost im Winter oder einseitiges Austrocknen im Sommer, kommen.

Geringe Widerstandskraft → Schädlingsbefall

Zugluft schädigt Kakteen

▷ Vielfältige Kakteengestalten auf dem Fensterbrett

OREOCEREUS

Ein Platz für Kakteen

Warum hat der eine Pflanzenfreund Erfolg mit seinen Kakteen und der andere nicht?
Allgemeine Pflegehinweise oder »Patentrezepte« helfen nicht, diese Frage aufzuklären. Jeder Kakteenfreund hat andere Voraussetzungen für seine Pflanzen und ohne Kenntnis der Zusammenhänge haben alle gut gemeinten Empfehlungen meist nicht den gewünschten Erfolg.
Jede Pflanze benötigt für Wachstum und Entwicklung bestimmte Faktoren, z. B. Licht, Temperatur, Luft, die maßgeblichen Einfluß auf ein gesundes Wachstum der Kakteen haben. Von der Wahl und der Gestaltung des Stellplatzes hängt es ab, ob die in enger Wechselbeziehung stehenden Faktoren für die Pflanze günstig sind oder nicht.
Speziell für die Kakteen hat das Sonnenlicht eine besondere Bedeutung, sind sie doch in der Heimat rund der doppelten Strahlungsintensität ausgesetzt wie bei uns. Daraus sind praktische Maßnahmen zur Wahl des Standplatzes abzuleiten. Egal, ob auf dem Fensterbrett, dem Balkon, im Frühbeet oder im Gewächshaus, auf jeden Fall benötigen die Pflanzen direktes Sonnenlicht und viel frische Luft.
Im Winter mögen es Kakteen kühler als wir. Deshalb ist die Unterbringung in dieser Jahreszeit immer ein Problem.

◁ In der Sommerfrische erfreuen uns Kakteen außen auf dem Fensterbrett

Ein Platz für Kakteen

Lichtverhältnisse → »Licht«, S. 28 ff.

Der gemeinsame Untersetzer

Auf dem Fensterbrett

Die ersten Pflanzen, die in der Wohnung Einzug halten, finden auf dem Fensterbrett ihren Platz. Von Anfang an sollte man die meist kleinen Töpfchen auf einen nicht zu flachen Untersetzer stellen, damit es beim kräftigen Gießen keine »Überschwemmung« gibt. Günstig sind der Größe des Fensterbrettes angepaßte Untersetzer, die eine gute Platzausnutzung ermöglichen. So läßt sich das Fensterbrett bei Bedarf schneller freiräumen. Zu diesem Zweck muß der Untersetzer allerdings auch stabil genug sein.

Etagenweise Anordnung

Faustregel: Der Freiraum über den Pflanzen muß mindestens der Regaltiefe entsprechen

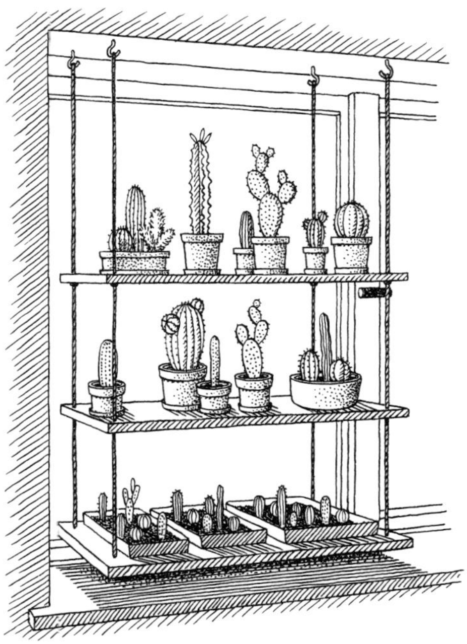

Bessere Platzausnutzung durch Etageneinbau

Hat man sich erst einmal mit den Pflanzen angefreundet, werden sie bald durch weitere ergänzt. Dazu kommt der jährliche Größenzuwachs, so daß früher oder später das Fensterbrett voll besetzt ist. Bei weiterem Platzbedarf wird eine zweite Etage darüber eingerichtet. Man kann die Stellfläche auch vervielfachen, indem man ein oder mehrere Bretter von oben aufhängt oder diese als Regal zusammenbaut und aufstellt. Der Abstand zwischen den einzelnen Ebenen muß so groß sein, daß den Pflanzen ausreichend Platz bleibt und auf die darunterliegende Etage kein Schatten fällt. Je breiter die Regalbretter, desto größer muß der Abstand voneinander sein. Im Interesse der Pflanzen sollten die kleinsten vorn am Fenster stehen. Das den Pflanzen zugutekommende Licht fehlt nun im Zimmer.

Auf dem Fensterbrett

Sommerquartiere

Ihr Sommerquartier können Kakteen etwa ab Mitte Mai vor dem Fenster beziehen. Dazu kann man das Regal einfach vor dem Fenster montieren. Damit die kleinen Kakteentöpfchen nicht zum Spielball des Sturms werden, sollte jede Regalebene nach außen mit einer Rückwand von etwa Topfhöhe versehen sein. Die Zwischenböden mit Schutzwand kann man auch gut aus Glasstreifen selbst anfertigen, die mit Silikonkleber verklebt werden. Bringt man an allen vier Seiten Stehwände an, entsteht eine Wanne, die man mit Sand oder Kakteensubstrat füllt und darin die Töpfe einsenkt. Zu diesem Zweck muß der Rahmen schon recht massiv sein, damit er die Last von Erde und Pflanzen auch tragen kann.

Pflanzenregal vor dem Fenster

Sommerfrische vor dem Fenster

Pflanzenkasten vor dem Fenster, das Mini-Gewächshaus

Eine andere Möglichkeit ist, das äußere Fensterbrett durch einen vorgebauten Kasten zu verbreitern. Darin können die Kakteen eingestellt oder in Sand eingefüttert werden. In dem Kasten stehen die Pflanzen gut geschützt und doch an der frischen Luft. Bei Dauerregen kann man den Kasten mit einer Glasscheibe abdecken und so die Pflanzen vor zu viel Niederschlag schützen. Das ist besonders im Herbst wichtig, damit die Kakteen durch Trokkenheit auf die Winterruhe eingestimmt werden.

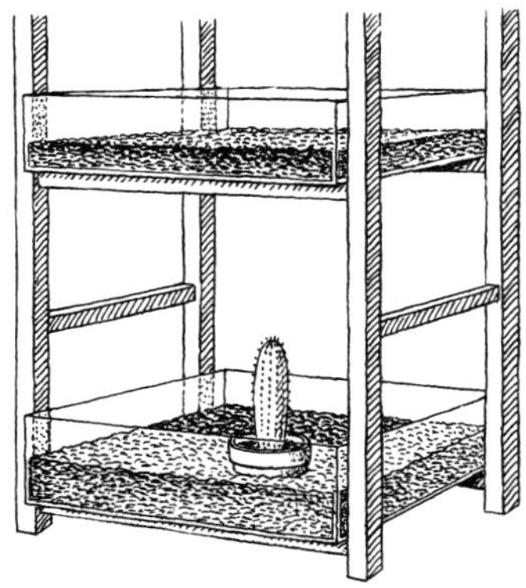

Aus Glasstreifen gefertigte Pflanzwannen

Fensterbretter sind ganzjährige Standorte

Die Pflanzen, die ihren Platz auf dem Fensterbrett haben, sind auch im Winter dort gut aufgehoben. Sofern sie im Sommer vor dem Fenster stehen dürfen, sind sie bestens abgehärtet und auf den Winter vorbereitet. Wichtig ist,

Ein Platz für Kakteen

Im Herbst Schutz vor einsetzenden Niederschlägen

Bei Nachtfrost müssen die Kakteen ins Winterquartier

Etwa im Oktober

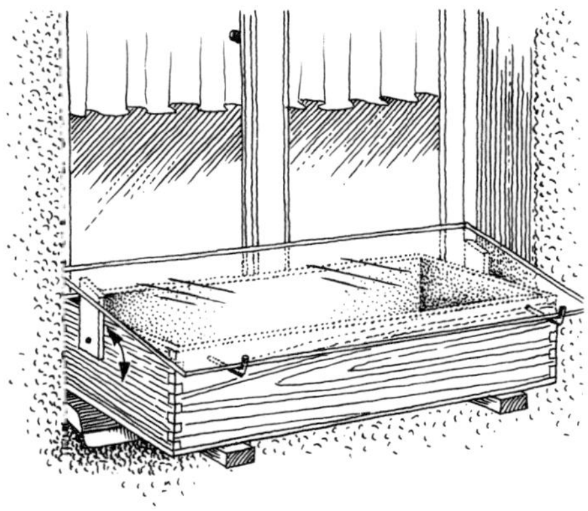

Pflanzenkasten mit Glasabdeckung vor dem Fenster

daß sie ab September keine nennenswerten Wassergaben mehr bekommen. Bei einsetzenden Herbstniederschlägen sollten die Pflanzen vor Regen geschützt werden, aber möglichst draußen bleiben, denn häufig wartet der Herbst noch mit einer Schönwetterperiode auf, dem sogenannten Altweibersommer.

Bei Nachtfrostgefahr müssen die kälteempfindlichen Kakteenarten in die Wohnung geräumt oder vor Frost geschützt werden. Typische Wettersituation in dieser Zeit, die den ersten Nachtfrost ankündigt: tagsüber trüb und regnerisch, abends plötzlich aufklaren bei bester Fernsicht mit stark abfallender Temperatur. Eine andere Beobachtung ist die Außentemperatur um 18 Uhr. Liegt sie niedriger als 6°C, ist in der folgenden Nacht mit Frost zu rechnen.

Sehr viele Kakteenarten vertragen auch Kältegrade, wenn sie gut abgehärtet sind

Kälteunverträglich sind die Arten der »gleichmäßig warmen Standorte ohne Trockenzeit«

Einräumen im Herbst

Normal überstehen gut abgehärtete Pflanzen kurzzeitige Frosteinbrüche. Die Sonne am Tage bringt den Kakteen mehr Gewinn, als die Kälte der Nacht Schaden anrichtet. Nur die wärmebedürftigen Vertreter aus Mittelamerika und Brasilien können niedrige Temperaturen nicht vertragen. Dazu gehören viele brasilianische Säulenkakteen wie *Pilosocereus* und *Austrocephalocereus,* auch die Königin der Nacht sowie *Melocactus, Discocactus* und *Uebelmannia.*
Doch irgendwann ist auch der schönste Nachsommer zu Ende und es geht

an das Einräumen. Stehen die Kakteen in einem Regal vor dem Fenster, können die Pflanzen bei entsprechender konstruktiver Lösung mitsamt dem Regal in das Zimmer geholt werden. Das Regal wird außen losgeschraubt und innen wieder befestigt. Dabei ist abzusichern, daß alle Pflanzen ihre Ausrichtung zum Licht beibehalten.

Das Einräumen ins Winterquartier

Beim Einräumen aus dem Kasten vor dem Fenster achtet man ebenfalls darauf, daß die Kakteen nicht gedreht werden. Notfalls kennzeichnet man die nach Norden oder Süden weisende Seite, um beim Aufstellen keine Fehler zu machen. Für einen Kaktus bedeutet eine veränderte Richtung zum Licht eine erhebliche Umstellung. Nicht selten ist dieser Fehler die Ursache für das Ausbleiben von Blüten im Folgejahr.

Beim Umräumen Ausrichtung der Pflanzen zur Sonne nicht verändern

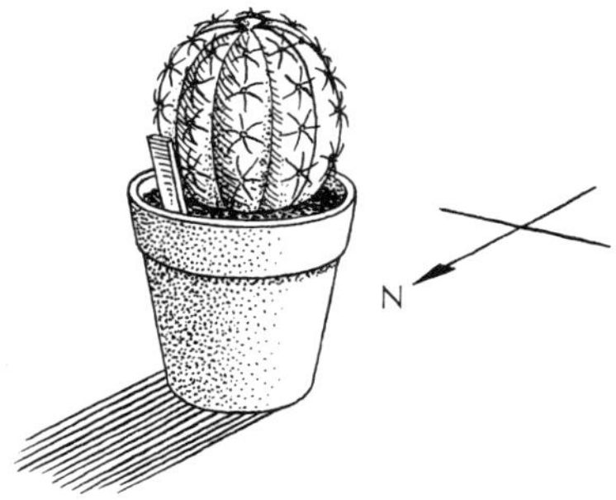

Ausrichtung zum Licht nicht verändern!

Nun stehen alle Kakteen wieder dicht an dicht hinter dem Fenster. Bei zentralgeheizten Räumen sind die Heizkörper unter dem Fensterbrett, so daß die warme Luft an den Pflanzen vorbei nach oben streicht. Dadurch kommen Kakteen in Temperaturbereiche, die für ihre Winterruhe nicht zuträglich sind. Die Heizkörperluft ist mit trockenem Steppenwind vergleichbar, nur fehlt die nächtliche Abkühlung, die in der Kakteenheimat auch während der Trockenheit etwas Tau bringt. Das Wohnraumklima entspricht nicht dem Klima der amerikanischen Kakteenheimat. Um Abhilfe zu schaffen, sollte der Raum für die Kakteen vom übrigen Wohnraum abgetrennt werden.

Stellplatz am Fenster im Winter

Winterliches Wohnraumklima ist ungünstig

Heizkörperluft stört den Winterschlaf der Kakteen

Ein Platz für Kakteen

Kakteen zwischen den Doppelfenstern

Kälteverträgliche Kakteen sind z. B.: ***Rebutia, Aylostera, Lobivia, Notocactus submammulosus, Gymnocalycium gibbosum, Gymnocalycium baldianum***

Standplatz der Kakteen kann auch mit dünner Folie vom Wohnraum abgetrennt werden

Kulturführung im Winter und Frühjahr

Überwinterung im Doppelfenster

Kakteen abgetrennt vom geheizten Wohnraum

Wer Doppelfenster hat, kann die Pflanzen zwischen den beiden Fenstern unterbringen. Die Außenfenster müssen unbedingt dicht schließen, um Zugluft und Frostschäden zu vermeiden. Durch Öffnen und Schließen der Innenfenster kann die Temperatur leicht geregelt werden. Sie soll sich zwischen 5 und 15°C bewegen. Gut abgehärtete Hochgebirgskakteen vertragen trockenen Frost bis -5°C und darunter. Wärmeliebende Arten wünschen auch im Winter Temperaturen nicht unter 15°C mit einer Luftfeuchtigkeit um 50 Prozent. Eine räumliche Trennung ist nötig, um den unterschiedlichen Ansprüchen Rechnung zu tragen.

Sind keine Doppelfenster vorhanden, kann man auch gut mit einer dünnen Folie den Raum zur Wohnung hin abtrennen. Nebenbei wird damit eine zusätzliche Isolierung für die Wohnung erreicht. Durch Einrollen oder Abdichten der Folie, wird die Temperatur im gewünschten Bereich gehalten. Gesund gewachsene Kugelkakteen benötigen von November bis Anfang März keinen Tropfen Wasser. Auch andere pflegerische Arbeit gibt es über den Winter an den Pflanzen kaum. Wenn die Sonne scheint, heizt sich der Raum hinter der Folie auf, was kein Grund zur Besorgnis ist, da sich gleichzeitig das Lichtangebot erhöht.
Mit steigender Sonne, etwa ab Ende Februar oder Anfang März, kann man langsam mit Wassergaben beginnen. An einem sonnigen Tag überbraust

man die Kakteen in den Vormittagsstunden und lüftet zur Wohnung hin bis zum Nachmittag. Das Wasser spült den Staub von den Pflanzen, dringt jedoch nur wenige mm in den Boden. Bis zum Abend sollten Kakteen und Erdreich wieder abgetrocknet sein.

Besonders vorsichtig ist mit den Wassergaben im Frühjahr zu verfahren

Im Frühjahr nur vormittags überbrausen

Sollten einzelne Pflanzen nicht in Trieb kommen, sind die Wurzeln zu untersuchen. Während der Winterruhe können sich Wurzelläuse ausgebreitet und die Wurzeln geschädigt haben.

Bei Verdacht auf Wurzelschädlinge Pflanzen genau untersuchen

Bis Mitte Mai müssen die Kakteen noch im Winterquartier aushalten, wenn sie am Sommerstandort nicht vor Frost geschützt werden können, denn anders als im Herbst sind die Pflanzen jetzt empfindlich. Der Neutrieb ist noch nicht abgehärtet und die Zellen haben sich voll Wasser gesogen. Man sollte viel lüften und die Kakteen wieder an die Sonne gewöhnen. Es muß schattiert werden, wenn nach trübem Aprilwetter eine Hochdruckwetterlage folgt. Besonders wichtig ist das Schattieren, wenn die Pflanzen erstmals wieder der direkten Sonne ausgesetzt sind, damit es nicht zu Verbrennungen kommt.

Im Frühjahr sind Kakteen empfindlicher als im Herbst

Schattieren

Auf dem Balkon

Wer einen sonnigen Balkon besitzt, kann hier vielen Kakteen einen gesunden Standort bieten. Durch terrassenartige Stellagen läßt sich die Stellfläche noch wesentlich vergrößern. Kann

Als Sommerplatz oder zur ganzjährigen Unterbringung

Auf Balkonstellagen

Nicht nur das Quartier, auch die Kakteen müssen auf den Winter vorbereitet werden

Winterfestmachung mit Doppelstegplatten

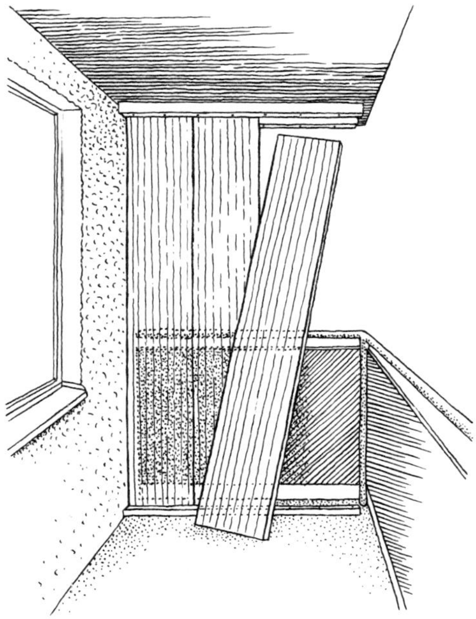

Balkonumbau mit Doppelstegplatten

Kakteenkasten mit schräger Frontscheibe

Zusätzliche Heizmöglichkeiten vorsehen

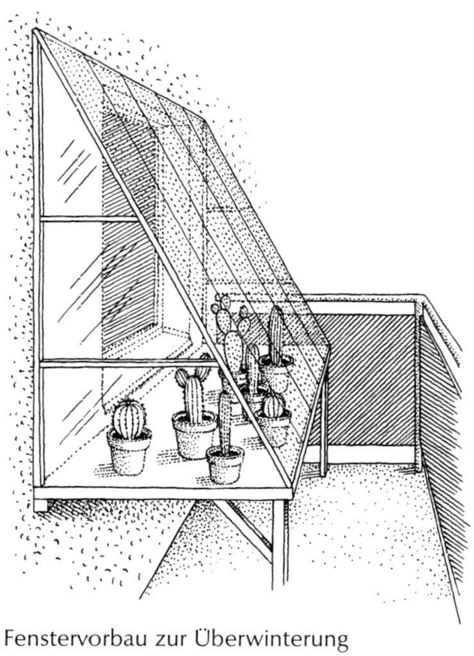

Fenstervorbau zur Überwinterung

man den Balkon für den Winter verglasen und frostfrei halten, spart man sich das Umräumen in ein Winterquartier. Übrigens, weit mehr Kakteenarten, als man normal annimmt, vertragen auch einige Frostgrade ohne Schaden, wenn sie im Herbst gut auf den Winter vorbereitet wurden. Dazu sind viel frische Luft und Trockenheit notwendig.

Man verglast am besten mit Doppelstegplatten, die je nach Gegebenheiten innen entlang der Brüstung aufgestellt und gut befestigt werden. Eine an der Decke angebrachte Nut gibt den Platten oben Halt. Unten werden sie durch eine vorgeschraubte Leiste gehalten. Wichtig ist auch eine Isolierung nach oben und unten durch Styroporplatten. Solche Baumaßnahmen sollten aber immer vor Beginn mit dem Hauswirt abgestimmt werden.

Weniger Aufwand ist nötig, wenn man um die Kakteensammlung einen Kasten mit schräger Frontscheibe baut. Die Beheizung kann mittels eines über Thermostat gesteuerten Elektrolüfters erfolgen. Da die Stegplatten einen sehr guten Dämmwert haben, ist der Heizungsaufwand gar nicht so groß. Sehr wichtig ist es, für eine Lüftungsmöglichkeit zu sorgen. Auch die Wintersonne heizt den kleinen Raum hinter der Scheibe schnell auf. Kann man ein zur Wohnung öffnendes Fenster mit in den Bau einbeziehen, so läßt sich die Wärme in das angrenzende Zimmer ableiten und nutzen.

Der Frühbeetkasten

Sommerquartier

Gartenbesitzer haben den unvergleichlichen Vorteil, daß sie für ihre Kakteen einen Frühbeetkasten bauen können. Aus Holzbohlen oder Betonplatten ist er leicht in Eigenleistung zu fertigen. Die Fenster dazu kann man beim Gärtnereibedarf kaufen. Es gibt sie in den Maßen 1,50 x 1,00 m oder 1,50 x 0,80 m. Auch komplette Kästen werden angeboten. Der Frühbeetkasten sollte möglichst in Ost-West-Richtung angelegt werden. Die Rückwand nach Norden muß höher als die Südwand sein. So erhält das Fenster eine Neigung nach Süden, wodurch die Lichteinstrahlung verbessert wird und das Regenwasser abfließt. Es soll unten nicht in den Kasten fließen, sondern nach außen abgeleitet werden. Dazu ist die Auflagefläche der Vorderwand nach außen abzuschrägen. Damit das Fenster nicht abrutschen kann, werden oben und unten je zwei überstehende Holzleisten angebracht.

Anlegen eines Frühbeetkastens

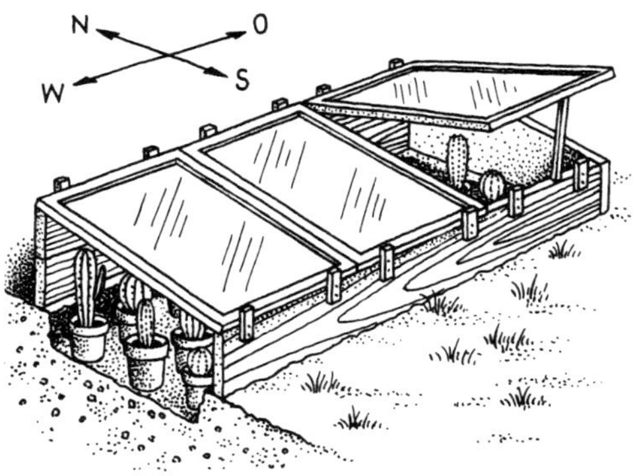

Frühbeetkasten

Die Höhe des Kastens wird maßgeblich von der Größe der unterzubringenden Pflanzen bestimmt. Je höher die Rückwand, desto steiler liegt das Fenster, desto schmaler wird der Kasten. Die Südwand sollte wegen des Schattenwurfs möglichst niedrig sein. Einen natürlich ausgeglichenen Temperaturverlauf erreicht man, wenn man den Kasten mindestens topftief in die Erde einläßt. Reicht der Platz nach oben durch den Zuwachs der Pflanzen

Maßgerechtes Bauen für die Sammlung möglich

Pflanzengröße bestimmt Kastenhöhe

Den Kasten innen etwa topftief ausheben

Frühbeetkästen bieten Schutz vor zu viel Regen

Ein Platz für Kakteen

nach einigen Jahren nicht mehr aus, kann man auch durch weiteres Ausheben der Bodenschicht die Tiefe des Kastens vergrößern.

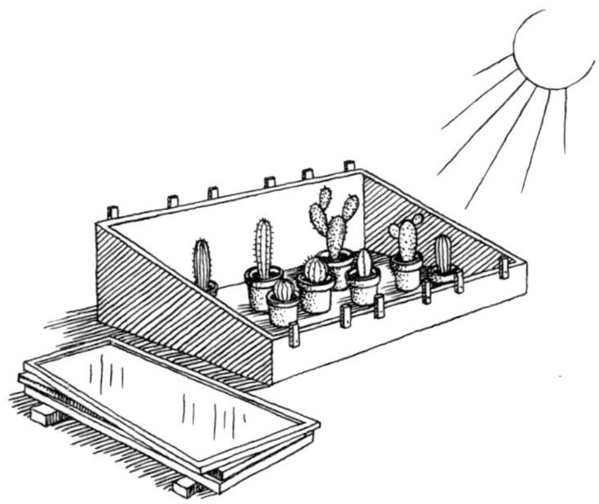

... können bei heiterem Wetter abgedeckt werden, so daß die Kakteen direkt von der Sonne beschienen werden

Kulturführung im Frühbeetkasten

Der Frühbeetkasten bietet die besten Kulturbedingungen für die Kakteen in unseren Breiten, erfordert allerdings auch einigen Aufwand in der Kulturführung. Die Fenster schützen die Pflanzen im Frühjahr und Herbst vor zu starker Auskühlung. Im Sommer können sie benötigt werden, um Dauerregen abzuleiten. Je nach Witterungsverlauf werden sie im Frühjahr zunächst nur an sonnigen Tagen, nach Mitte Mai auch nachts abgenommen. Die Pflanzen erhalten so das volle Sonnenlicht, frische Luft und den morgendlichen Tau.

Vorsicht vor zu starker Erwärmung

Füttert man die Töpfe in den gewachsenen Boden, wird die Erwärmung des Wurzelbereiches in Grenzen gehalten und der Wasserhaushalt reguliert. Sind die Fenster abgedeckt, ist nur wenig Pflegeaufwand notwendig. Dagegen muß bei geschlossenem Kasten der Temperaturverlauf beobachtet werden. Mit steigender Sonne erwärmt sich der Luftraum im Kasten rasch, es muß gelüftet werden. Durch Unterstellen eines Holzklötzchens wird der erwärmten Luft das Abziehen ermöglicht und kühle Außenluft strömt nach. In Gartenmärkten werden hydraulische Fensteröffner angeboten, die das Lüften selbsttätig besorgen.

Ist der Frühbeetkasten mit Fenstern zugedeckt, muß bei Sonnenschein gelüftet werden

... und können in der Übergangszeit je nach Bedarf gelüftet werden

Fenster wirken als Brennglas

Sonnenentwöhnte Kakteen im Frühjahr eventuell schattieren

Sind die Pflanzen noch nicht an die Sonne gewöhnt, muß an den ersten Sonnentagen schattiert werden. Dazu werden Schilfmatten oder ein durchscheinendes Stoffgewebe über die Fenster gerollt. Spezielles Schattenleinen wird im Gartenbedarf angeboten.

Vorbereitung auf den Winter durch:
- **Schutz vor Niederschlägen**
- **Einschränken der Wasserzufuhr**

Vor Einsetzen der Herbstniederschläge müssen die Fenster wieder aufgelegt werden. Die Kakteen sollen nun das Wachstum einstellen und benötigen keine weiteren Wassergaben. Eventuell durchgewurzelte Pflanzen sollten aus der Erde gezogen werden, damit sie kein weiteres Wasser mehr aufnehmen können. Sie sind an ihrem starken Zuwachs zu erkennen. Für solche kräftig gewachsenen Pflanzen ist eine Vorbereitung auf den Winter besonders wichtig.

Bei durchgewurzelten Pflanzen muß der Wachstumsabschluß durch Herausnehmen erzwungen werden

Verlängerung des Aufenthaltes im Freien

Umzug ins Winterquartier
- **frostfreie Unterbringung im Zimmer**
- **beheizbares Gewächshaus**
- **kälteverträgliche Arten können bei Frostschutz im Frühbeet bleiben**

Ab September muß man mit den ersten Nachtfrösten rechnen. Bei ausreichendem Frostschutz durch Noppenfolie, Strohdecken oder Styroporplatten können die Pflanzen noch bis in den November hinein im Frühbeetkasten bleiben. Theoretisch kann man auch die weniger empfindlichen Kakteen im Frühbeet überwintern. Um es frostfrei zu halten, verwendete man früher die langsam fließende Wärme von dicht gepacktem Pferdemist. Teurer und durch Stromausfall störanfällig ist eine elektrische Heizung. Bei kühlem und absolut trockenem Stand ist der Lichtbedarf der Kakteen im Winter minimal. Deshalb kann das Frühbeet auch nach oben durch Styroporplatten oder ähnliche Dämmstoffe vor Wärmeabstrahlung geschützt werden. Ist

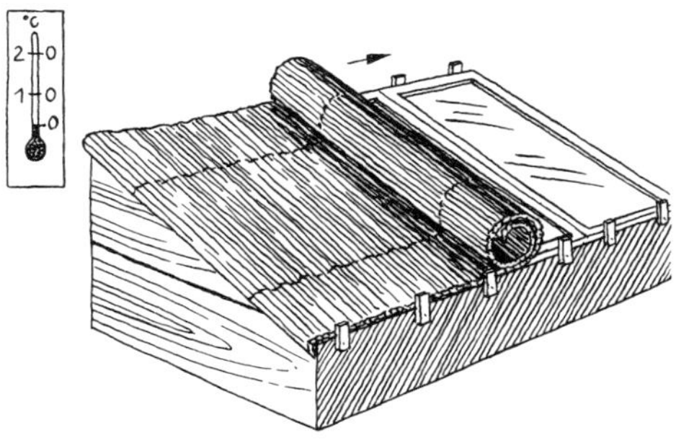

Schutz vor den ersten Nachtfrösten durch Überrollen mit einer Strohdecke

eine Überwinterung im Frühbeet nicht vorgesehen, muß vor den einsetzenden starken Frösten die Sammlung ins Winterquartier umgeräumt sein.

Voraussetzungen im Winterquartier:
- **Lüften muß möglich sein**
- **kühl, aber frostfrei**
- **u. U. Zusatzbelichtung, nicht Bedingung**

Als Stellplatz ist jeder kühle aber frostfreie Ort geeignet. Die Lichtverhältnisse sind im Winter zweitrangig, wenn die Pflanzen trocken und kühl stehen. Da die möglichen Fensterplätze alle schon dicht belegt sind, ist man weiter auf der Suche nach Überwinterungsmöglichkeiten. In Treppenhäusern, frostfreien Dachkammern und Abstellräumen, ja sogar auf dem Schlafzimmerschrank bringen findige Kakteenfreunde ihre Sammlung über den Winter. Auch ein gut belüfteter Keller kann die Kakteen beherbergen. Sogar ohne Licht, in Kästen übereinander gestapelt können Kakteen notfalls überwintern, vorausgesetzt sie stehen trocken und kühl.

Gut vorbereitet können viele Kakteen bei Temperaturen nicht über 10 °C fast dunkel überwintert werden

In den ersten vier Wochen nach dem Einräumen sind die Pflanzen wegen Fäulnisgefahr gut zu belüften und regelmäßig zu kontrollieren.

Zusatzbelichtung

Um den Lichtmangel auszugleichen, ist eine Zusatzbelichtung möglich. Das ist nur bedingt sinnvoll. Wenn ein Effekt für die Kakteen spürbar werden soll, sind Beleuchtungsstärken von über 2000 Lux notwendig. Um das zu erreichen, benötigt man je nach Lampentyp 200 bis 300 Watt/m^2. Die dabei unvermeidlich entstehende Wärme könnte den Winterschlaf der Kakteen stören und muß deshalb abgeleitet werden.

Der Frühbeetkasten Das Gewächshaus

Ist der Winter überstanden, müssen die Kakteen besonders vorsichtig an das Sonnenlicht gewöhnt werden. Das Ausräumen ins Sommerquartier ist ideal bei trübem Wetter. Beim ersten Sonnenschein muß schattiert werden, um Verbrennungen zu vermeiden.

Im Dunkeln überwinterte Kakteen sind im Frühjahr lichtempfindlich

Das Gewächshaus

Weniger vom Wetter abhängig ist man als Besitzer eines kleinen oder größeren Gewächshauses. Ist dies auch noch heizbar, entfällt die Sorge um das Winterquartier und das lästige Umräumen. Allerdings ist die ganzjährige Kultur unter Glas für viele Hochgebirgskakteen problematisch. Deshalb kultivieren engagierte Kakteenfreunde einen Teil ihrer Sammlung den Sommer über im Frühbeetkasten und überwintern sie dann nur im Gewächshaus.

Kalthaus, beheizbares Gewächshaus

Der Eigenbau eines Gewächshauses ist ebenso möglich wie der eines Frühbeetkastens. Angesichts des Angebotes an verschiedenen Fertiggewächshäusern in allen Größen, Ausführungen und Preislagen ist zu überlegen, ob man selbst basteln oder die Erfahrung der Hersteller nutzen will. Auch wenn man die eigene Arbeitszeit nicht hoch bewertet, kommt man mit Eigenbau nicht wesentlich billiger, wenn alles Material im Einzelhandel gekauft werden muß. Man sollte auf jeden Fall den Preisvergleich vor der Entscheidung zu der einen oder der anderen Variante durchführen.

Eigenbau oder Fertiggewächshaus

Kaufen oder selbstbauen?

Ein Platz für Kakteen

Vor Baubeginn sind u. a. folgende Fragen zu klären:
- **u. U. Genehmigung des Grundstückseigentümers einholen**
- **vorgesehenen Platz auf Baugrundeignung prüfen**
- **schon vorhandene Versorgungsleitungen beachten!**

Gewächshaus mit Satteldach
Regenwasser wird zum Gießen gesammelt

Das Gewächshaus soll später nicht im Schatten stehen

Neben den gesetzlichen Bestimmungen sind vor dem Bau eines Gewächshauses weitere wichtige Dinge zu bedenken. Es ist ratsam, sich über die Lichtverhältnisse am vorgesehenen Platz genau zu informieren. Das Gewächshaus muß zu allen Jahreszeiten den Sonnenschein erhalten, den es benötigt. Bäume, außer Obstbäume, mit einem Stammdurchmesser über 10 cm dürfen auch im eigenen Garten nicht ohne Zustimmung des Gartenamtes gefällt werden. Berücksichtigen soll man ebenfalls Bäume, die zu Baubeginn noch klein sind, aber in ein paar Jahren das Gewächshaus in den Schatten stellen können. Die Anbindung an Versorgungsleitungen wie Strom und Wasser sollte bedacht werden. Soll das Regenwasser aufgefangen und zum Gießen verwendet werden?

Gewächshaustypen

Das Pultdachhaus

Von der Dachform her unterscheidet man zwischen Pultdach und Satteldach. Gewächshäuser mit Pultdach eignen sich zum Anbau vor eine Südwand. Da eine Wand von einem vorhandenen Gebäude genutzt wird, ist es kostengünstig. Wärmetechnisch ist ein Anbau positiv einzuschätzen, da er Schutz vor kalten N-Winden gewährt. Außerdem wirkt die Hauswand, besonders wenn es eine Ziegelwand ist, als Wärmepuffer. Sie heizt sich am Tag auf und gibt in der Nacht die Wärme langsam wieder ab. Bei Sonnenschein wird es in einem Pultdachhaus um die Mittagszeit sehr warm. Das hängt mit dem Einfallswinkel der Sonnenstrahlen

Lüftung

Gewächshaus mit Pultdach, Neigung nach Süden

auf das Glas zusammen. Bei ausreichender Lüftungsmöglichkeit ist das für Kakteen kein Nachteil, entspricht dieses extreme Klima doch den heimatlichen Standortbedingungen.
Gewächshäuser mit Satteldach sollten möglichst in Nord-Süd-Richtung aufgestellt werden. Der Temperaturverlauf ist dann etwas ausgeglichener. Für ausreichende Lüftungsmöglichkeit ist selbstverständlich auch zu sorgen.

Das Satteldachhaus

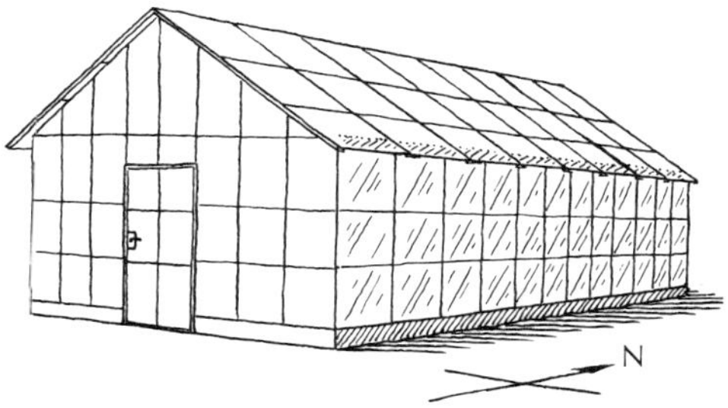

Gewächshaus mit Satteldach in Nord-Süd-Richtung

Das Gewächshausdach

Das Gewächshausdach wird aus Sprossen gebildet, auf denen Glasscheiben oder Kunststoffplatten befestigt werden. Traditionell finden Holzsprossen Verwendung. Sie haben eine gute Wärmedämmung und lassen sich leicht verarbeiten. Allerdings müssen sie alle zwei bis drei Jahre gegen Fäulnis imprägniert werden. Die Glasscheiben werden in Kitt gelegt und mit Nägeln so befestigt, daß sie nicht rutschen können. Beim Verglasen beginnt man von unten und legt die folgende Scheibe 1–2 cm auf den oberen Rand der vorherigen. Ist eine Sprossenbahn so eingeglast, wird aus Kitt mit einem stumpfen Messer ein Falz entlang der Sprossennase gezogen.

Das Verglasen bei Verwendung von Holzsprossen

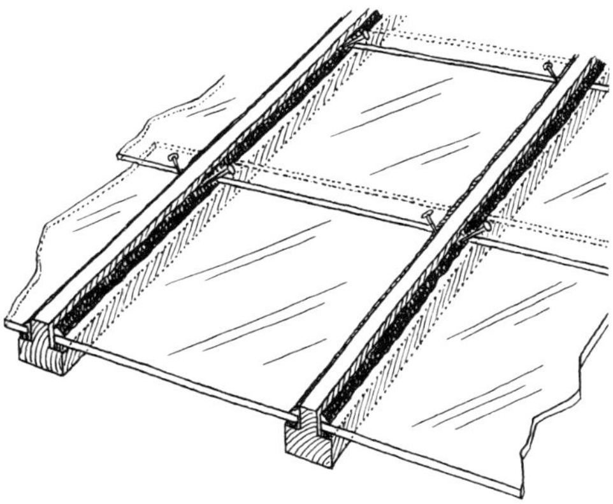
Überlappende Kittverglasung

Bei industriell gefertigten Gewächshäusern sind die Sprossen in der Regel aus Eisen oder Aluminium. Die Scheiben sind dann in Gummi gefaßt und mit Abdeckschienen festgeschraubt. Es ist darauf zu achten, daß bei der Konstruktion möglichst keine kälteleitenden Verbindungen von außen nach in-

Gewächshaussprossen aus Metall → Kältebrücken entstehen → Kondenswasser bildet sich

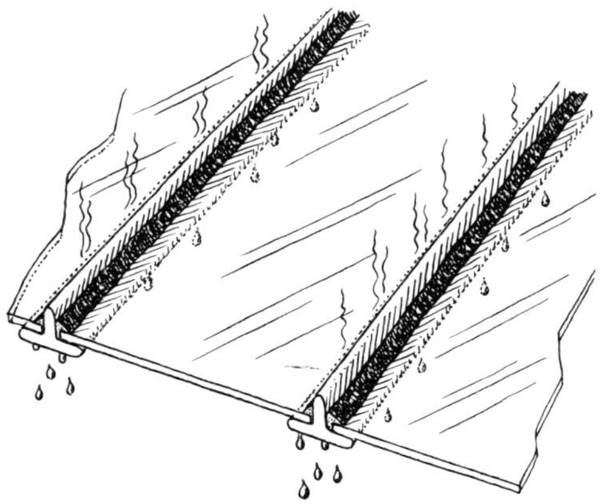
Kältebrücken durch Eisensprossen

nen vorkommen. Die sogenannten Kältebrücken führen im Gewächshaus zu unerwünschter Kondenswasserbildung und damit zu Tropfstellen. Außerdem wird unnötig Wärme nach außen abgegeben und damit die Beheizung verteuert.

Stegplatten statt Glas

Neben Glas werden in neuerer Zeit Stegplatten zur Gewächshauseindekkung verwendet. Zwei oder drei dünne Kunststoffplatten sind im Abstand von mehreren Millimetern durch Stege verbunden. Im Vergleich zu Glas sind sie wesentlich leichter, bruchsicher und haben einen weit höheren Wärmedämmwert. Für die Kakteen besonders wichtig ist der bessere Durchgang der UV-Strahlung. Damit wird das Längenwachstum auf natürliche Art gehemmt. Der einzige Nachteil ist, Stegplatten sind drei- bis viermal so teuer wie Glas.

Bessere Durchlässigkeit für UV-Strahlung

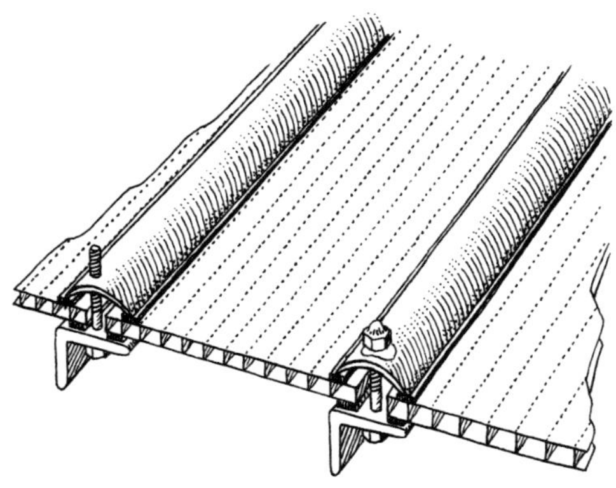

Thermoverglasung mit Doppelstegplatten

Folie als Abdeckung

Eine preiswerte Alternative bietet die Folie. Sie ist leicht, ebenfalls UV-durchlässig und bei Verwendung von Noppen- oder Doppelfolie auch gut wärmeisolierend. Foliehäuser sind sehr dicht. Vorwiegend bei Verwendung von Einfachfolie kommt es an der Innenseite leicht zum Beschlagen und zum Tropfenfall. Ventilation und Belüftung sind deshalb besonders wichtig. Ein weiterer Nachteil ist die Empfindlichkeit der Folie gegen Sturm. Außerdem altert Folie und muß alle zwei bis fünf Jahre erneuert werden.

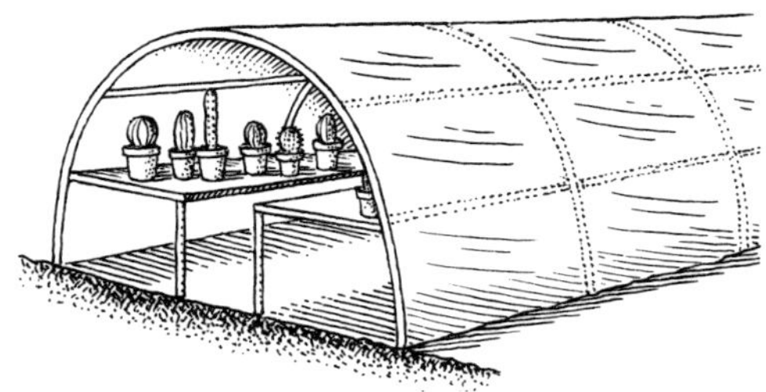

Foliegewächshaus

▷ Goldkugelkakteen sind die Prunkstücke jeder Sammlung

10

Soll das Gewächshaus auch im Winter genutzt werden, spielen die Heizkosten eine wichtige Rolle. Die wärmeabgebende Fläche ist so gering wie möglich zu halten. In früherer Zeit haben die Gärtner deshalb ihre Gewächshäuser in die Erde gegraben und ließen nur das Glasdach herausschauen. Leider ist bei dieser Bauweise der Platz unter den Gewächshaustischen aus Mangel an Licht nicht für Pflanzen zu nutzen. Da es heute wirksame Dämmstoffe zur Isolierung der Stehwände gibt, ist ein Bau auf der Erde vorzuziehen. Unter den Tischen können zum Beispiel die Pflanzen aus dem Frühbeet überwintert werden.

Die Heizung muß die Wärme ersetzen, die durch Dach und Wände nach außen entweicht. Der Wärmeverlust wird in Kalorien gemessen. Er ist abhängig von der Temperaturdifferenz zwischen innen und außen, von der Größe der Außenflächen und deren Wärmeleitfähigkeit. Diese wird als Materialkonstante, als sogenannter K-Wert angegeben. Je kleiner der K-Wert eines Stoffes ist, desto besser ist seine Wärmedämmung. So liegt der K-Wert von Glas je nach Stärke zwischen 5 und 6, der einer Doppelstegplatte unter 3.

Zur Berechnung der notwendigen maximalen Heizleistung wird für normale Lagen von einer Außentemperatur von –15 °C und für extreme Lagen und für über 500 m über NN von –20 °C ausgegangen. Die anzustrebende Innentem-

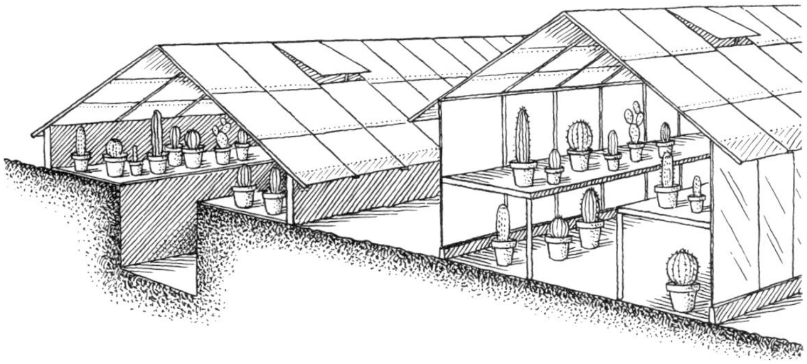

Energiesparendes Erdhaus (links)
Geräumiges Gewächshaus mit Stehverglasung (rechts)

Wärmebedarf

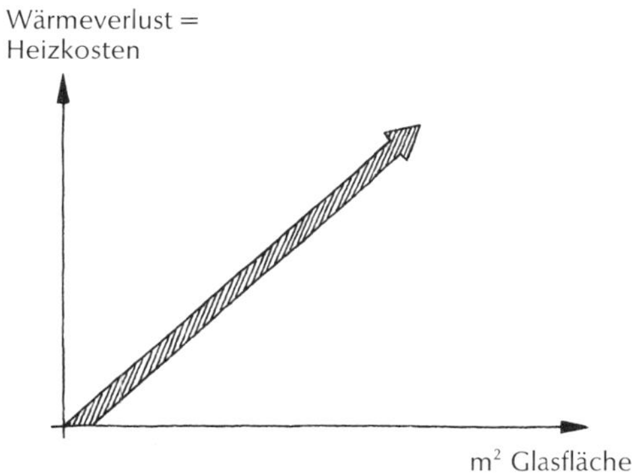

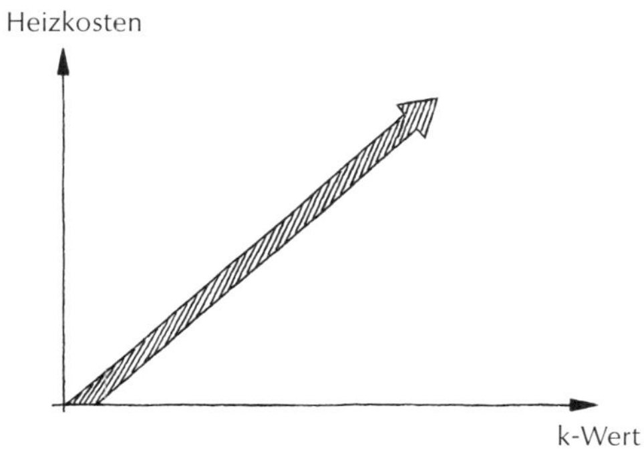

◁ Kakteen sind nicht nur liebenswert, sondern auch dekorativ

Günstige Überwinterungstemperatur 0 °C bis 5 °C für Arten der
- Gebirgsstandorte
- der weiten Ebenen und Hügel

Mindestens 15 °C für Arten der gleichmäßig warmen Standorte

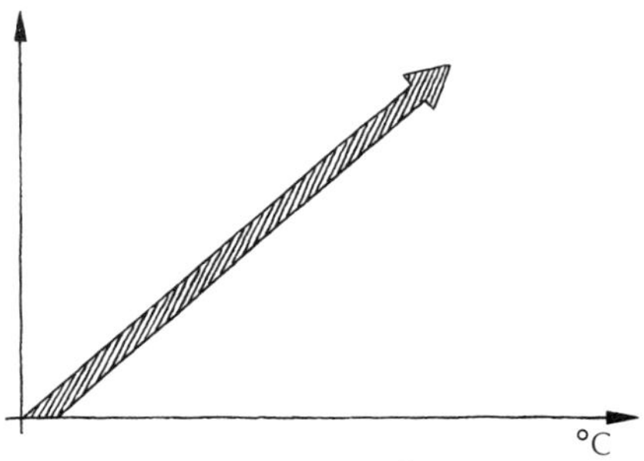

peratur für ein Überwinterungshaus beträgt 0 bis 5 °C. Das ist für viele Kakteen ausreichend. Etwas empfindlichere Arten benötigen Kalthaustemperaturen von 10 °C. Nur die wärmebedürftigen Arten möchten im Winter nicht unter 15 °C stehen. Das entspricht einem Warmhaus. Die Heizung in einem solchen Haus muß so ausgelegt sein, daß sie mindestens eine Temperaturdifferenz von 30 °C ausgleichen kann.

Wärmeverluste möglichst gering halten

Um die Wärmeverluste so gering wie möglich zu halten, sollten für den Winter die Gewächshauswände zusätzlich isoliert werden. Die Stehwände werden außen mit Noppenfolie abgedichtet. Noppenfolie ist im Gärtnereibedarf erhältlich. Man kann sie mit Klebeelementen auf dem Glas befestigen. Da die Lichtdurchlässigkeit recht gut ist, kann man auch kleinere Dachflächen damit abdecken. Eine andere Möglichkeit besteht darin, innen eine dünne Folie unterzuspannen. Sie soll überall gut abschließen, damit Kalt- und Warmluft weitestgehend getrennt bleiben. Undichte Stellen, gerutschte Scheiben sowie schlecht schließende Lüftungsklappen sind vor dem Winter abzudichten, da sonst viel Energie verlorengeht. Größere Gewächshäuser sollte man unterteilen, wenn man Pflanzen unterschiedlicher Temperaturansprüche zu überwintern hat.

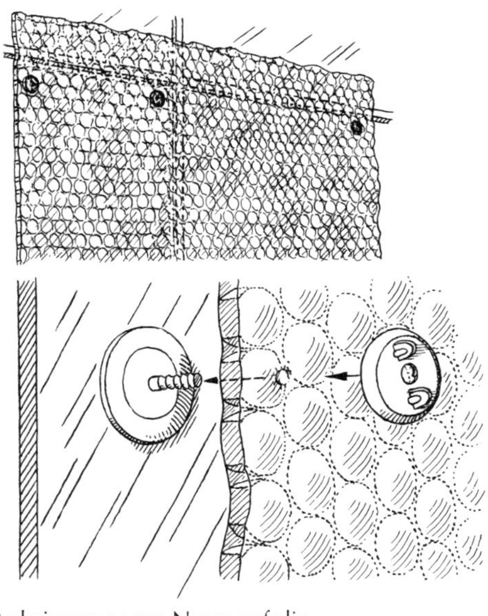

Anbringung von Noppenfolie

Auch ein Kaktus braucht mal Wasser

Wasser ist Voraussetzung für alles Leben.
Sukkulente Pflanzen sind zwar in besonderer Weise an Standorte angepaßt, die durch mehr oder weniger lange Trockenzeiten charakterisiert sind. Das heißt aber nicht, daß sie gar kein Wasser benötigen.
Besonders Kakteen sind in der Lage, beachtliche Wassermengen in ihrem Körper für die Trockenzeit zu speichern und es trotz sengender Sonne vor ungenutzter Verdunstung zu bewahren.
Wie nehmen Kakteen das Wasser auf und welche Rückschlüsse ergeben sich für die Pflege daraus?
Ganz wichtig ist es zu wissen, wann Kakteen gegossen werden müssen und wann sie kein Wasser vertragen. Dabei sollte man nicht alle Kakteen über eine »Kanne« scheren!
Aus den heimatlichen Standortbedingungen lassen sich wichtige Hinweise für Wasserbedarf und -verteilung ableiten.
Die Ausbringung des Wassers hängt maßgeblich von der Größe der Sammlung ab. Es gibt für jeden Bedarf viele interessante Möglichkeiten. Sogar Hydrokultur ist bei Kakteen möglich.
Die Wasserqualität spielt für die Verwendbarkeit zum Gießen eine große Rolle. Wie kann man die Qualität ermitteln und hartes Wasser zu weichem machen. Wasseraufbereitung ist auch mit einfachen Mitteln möglich.

Wie versorgt man Kakteen mit Wasser
Seite 58

Welches Wasser ist am besten
Seite 64

Auch ein Kaktus braucht mal Wasser

Wie versorgt man Kakteen mit Wasser

Wasserversorgung durch
- **Überbrausen**
- **Gießen**
- **Anstauen**

Das Wasser, das über die Wurzel aufgenommen werden soll, muß in Kultur der Erde meist künstlich zugeführt werden. Auch wenn die Kakteen im Vergleich zu anderen Topfpflanzen weniger Wasser benötigen, so muß man doch ebenso zweckmäßig ausgerüstet sein, um jede Pflanze mit der richtigen Wassermenge versorgen zu können. Die anfänglich kleine Kakteensammlung am Fensterbrett wird mit einer entsprechenden Blumengießkanne mit langem Auslaufrohr bewässert. Damit ist man auch in der Lage, zeitweise einzelne Pflanzen gesondert mit Wasser zu versorgen. Passende Untersetzer unter den Töpfen fangen das überschüssige Wasser auf.

Gemeinschaftsuntersetzer

Anstauen mit Hilfe eines Untersetzers

Auch das Anstauverfahren läßt sich gut über Untersetzer realisieren.
Prinzipiell muß der Untersetzer waagerecht stehen, er sollte auch möglichst mehreren Pflanzen einer Pflegegruppe Platz bieten. Man gießt das Wasser in den Untersetzer, von dort zieht es über die Abzugslöcher im Topfboden in die Erde. Durch die Kapillarwirkung des Bodens steigt es allmählich bis an die Topfoberfläche, also über den Wasserstand im Untersetzer hinaus. Der Wasserstau im Untersetzer soll solange anhalten, bis in allen Töpfen die oberste Erdschicht gleichmäßig feucht ist. Das verbleibende Wasser ist dann unbedingt aus dem Untersetzer zu entfer-

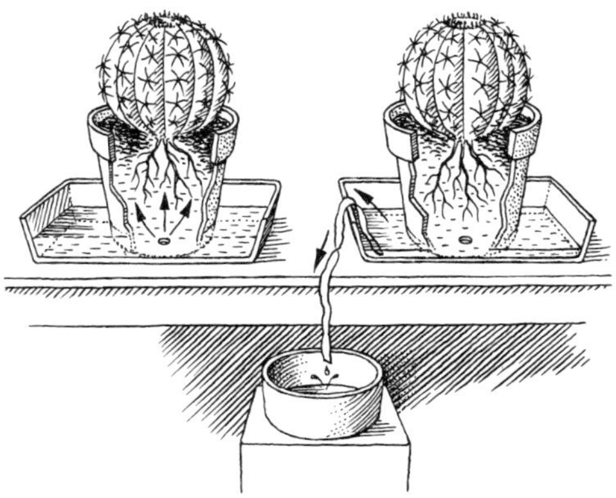

Naturnahe Bewässerung von unten, überschüssiges Wasser wird abgeleitet

Überschüssiges Wasser wieder entfernen

nen. Dazu kann man einen saugfähigen, angefeuchteten Stoffstreifen in den Wasserrest und über den Rand der Untersetzer in ein Auffanggefäß hängen lassen. Auch hier überwindet die Kapillarität den Höhenunterschied zwischen Wasserspiegel und Untersetzerrand. Das Wasser tropft herab, bis der Untersetzer ganz leer ist. Damit ist die Gefahr der Staunässe behoben.

Besprühen ersetzt den Tau

Besprühen

Sollen nur die Pflanzen befeuchtet werden, genügt für eine kleine Sammlung eine einfache Blumenspritze. Es gibt sehr verschiedene Ausführungen, die Mehrzahl der Blumenspritzen arbeitet nach dem gleichen Prinzip: Das Wasser bekommt einen Drall und wird anschließend durch eine enge Düse gepreßt. Beim Austritt aus der Düse reißt der Wasserstrahl in viele kleine Tröpfchen auseinander. Je höher der Druck und je kleiner die Düsenöffnung ist, desto kleiner sind die Tröpfchen. Zum Besprühen ist die Tropfengröße nicht so entscheidend.

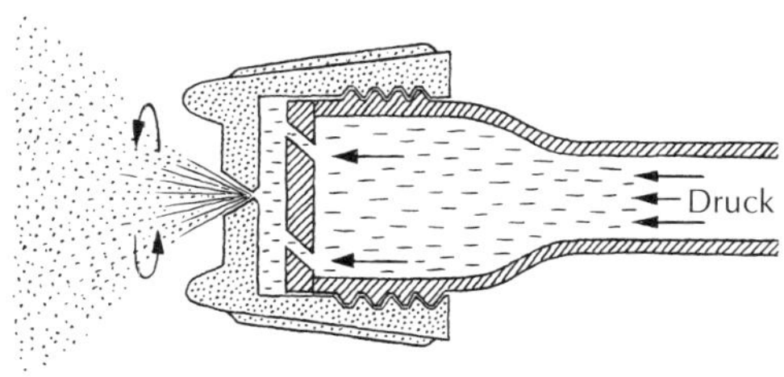

Wirkungsweise einer Sprühdüse

Richtiges Gießen

Mit dem Anwachsen der Sammlung wird zweifellos auch eine größere Gießkanne benötigt. So empfiehlt sich für die Sammlung im Frühbeetkasten schon eine 10 l-Kanne mit Brause. Will man nur die Erde, nicht aber die Pflanze befeuchten, ist die Verwendung eines Gießrohres angebracht. Damit wird der Auslauf der Kanne verlängert und das Wasser läßt sich gut zwischen den Pflanzen dosieren.

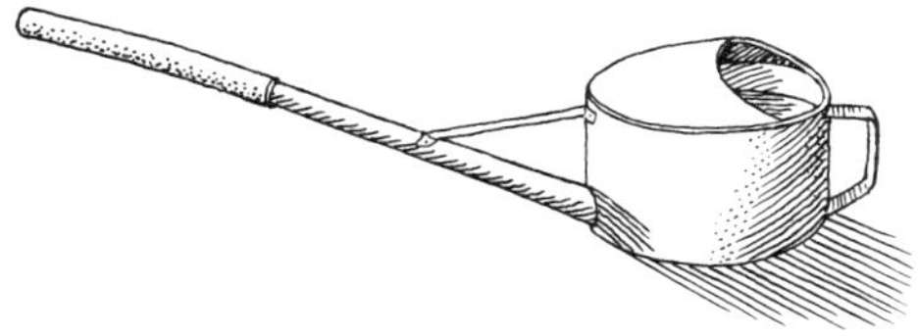

3 l-Kanne mit Gießrohr

Auch ein Kaktus braucht mal Wasser

Überbrausen

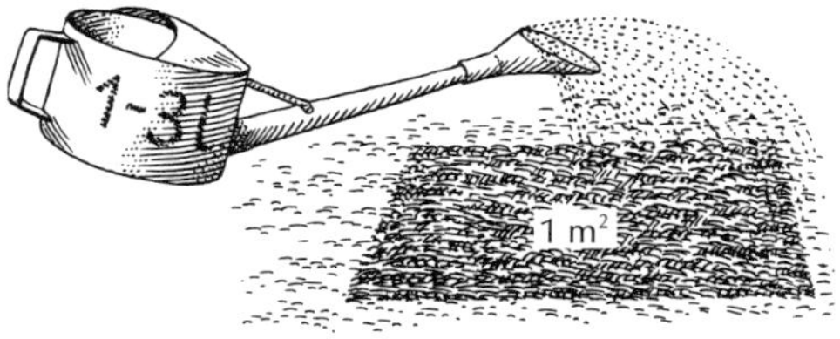

Überbrausen mit 1–3 l/m²

Gießen

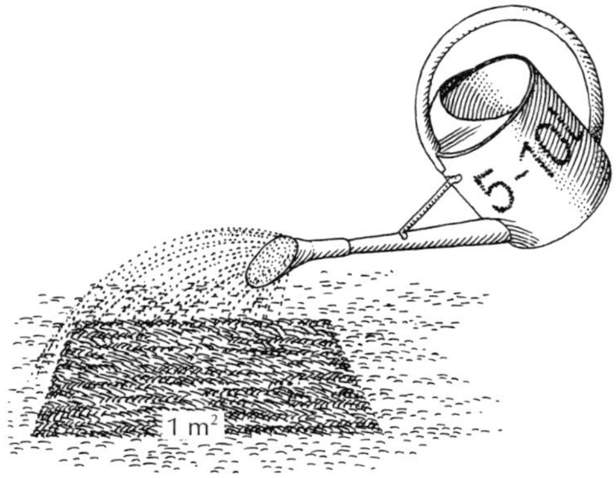

Gießen mit 5–10 l/m²

Wie tief ist Gießwasser eingedrungen?

Gießen mit dem Schlauch

Tröpfchenbewässerung ist nur für wenige Arten gut geeignet

Spricht man von »Überbrausen«, wird das Wasser mit einer aufgesteckten Brause in viele, sehr feine Strahlen breitflächig verteilt. Damit sollen vorrangig die Pflanzen und weniger die Erde benetzt werden. Je feiner die Brause, desto geringer ist die ausgebrachte Wassermenge. Zum Überbrausen genügen im Mittel etwa 1 bis 3 l Wasser/m². Gründliches Gießen erfordert dagegen 5 bis 10 l Wasser/m². Große Wassermengen sollte man in geringen Zeitabständen auf mehrere kleinere Gaben verteilen, damit das Wasser ausreichend versickern kann und nicht nutzlos den Boden ausschwemmt.

Bis man das Gefühl für die richtige Wassermenge hat, sollte man es sich zur Regel machen, nach dem Gießen einige Pflanzen auszutopfen und zu kontrollieren, wie weit der Wurzelballen durchfeuchtet wurde. Ist das Gießwasser nur in der oberen Bodenschicht zu sehen, während der untere Bereich noch trocken blieb, muß man weiter gießen, bis die Feuchtigkeit auch die letzte Faserwurzel erreicht hat.
Umfangreichere Sammlungen bewässert man zweckmäßig statt mit der Kanne mit Schlauch und Brause.

Tröpfchenbewässerung
Eine besondere Art der Wasserausbringung ist die Tröpfchenbewässerung. Sie eignet sich besonders zur Wasserversorgung von schlecht zugänglichen Pflanzen, zum Beispiel in Ampeln.

Wie versorgt man Kakteen mit Wasser

Aus einem höher gelegenen Vorratsbehälter wird ein Mutterschlauch entlang der Ampeln geführt. Kleine Kapillarschläuche mit haarfeinem Querschnitt zur Wasserführung zweigen vom Mutterschlauch zu jedem einzelnen Ampeltopf ab. Schwacher Überdruck im Schlauch genügt, die vorgesehene Wassermenge langsam und gleichmäßig, in der minimalen Form von Tropfen zu verteilen. Die richtige Dosierung muß natürlich eingestellt und überwacht werden. Die langsame aber kontinuierliche Wasserversorgung bekommt einigen Kakteen, wie *Rhipsalis,* Blattkakteen und *Aporocactus* während der Wachstumszeit sehr gut. Allerdings sollte auch bei diesem Verfahren der Bewässerung der Wechsel zwischen Wassergaben und abtrocknen lassen eingehalten werden.

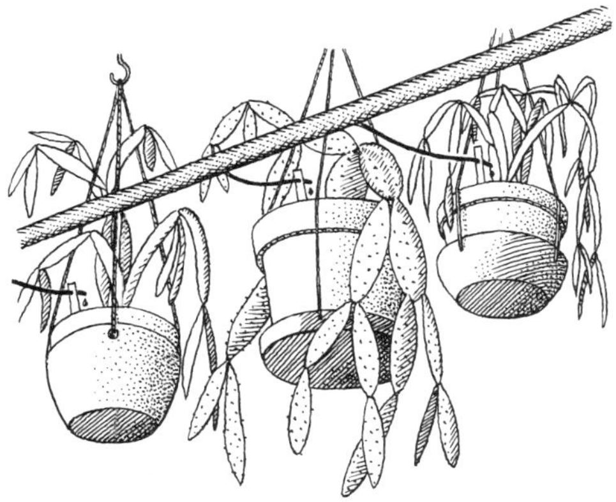

Tröpfchenbewässerung für Ampeln

Die Hydrokultur

Die Hydrokultur hat sich bei den Grünpflanzen bestens bewährt. So liegt der Gedanke nahe, dieses Verfahren auch bei den Kakteen zu versuchen. Tatsächlich hat die Praxis bewiesen, daß Kakteen bei Erfüllung bestimmter Voraussetzungen auch unter Hydrokulturbedingungen gedeihen.

Vorteile

Die allgemein bekannten Vorzüge der Hydrokultur sind: Die Wasserversorgung läßt sich gut kontrollieren und optimal steuern. Sie kann den Bedürfnissen unterschiedlicher Pflanzen und den jahreszeitlichen Erfordernissen gut angepaßt werden. Der Lufthaushalt im Wurzelbereich läßt sich durch Verwen-

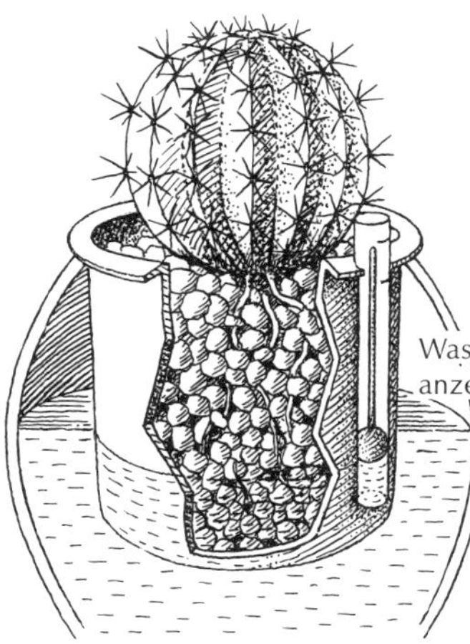

Kakteen in Hydrokultur

Auch ein Kaktus braucht mal Wasser

dung strukturbeständiger, großporiger Substrate vorzüglich gestalten. Den unterschiedlichen Nährstoffansprüchen kann durch Verwendung entsprechender Dünger Rechnung getragen werden. Alle diese Vorteile sind auch bei der Kakteenhydrokultur zu erwarten.

Von der Erdkultur zur Hydrokultur

Problematisch ist immer die Umstellung von der Erd- auf die Hydrokultur. Sie erfordert besondere Sorgfalt und Vorsicht. Die Wurzeln sind durch gründliches Ausspülen von allen Erdbestandteilen zu reinigen. Die feinen Faserwurzeln müssen für die veränderten Bedingungen neu gebildet werden. Sicherheitshalber entfernt man deshalb die alten und beläßt nur die dicken Hauptwurzeln. An der frischen Luft verheilen anschließend alle Wurzelwunden. Frühestens nach acht Tagen pflanzt man in ein trockenes Substrat mit einheitlicher Körnung.

Kakteen mindestens acht Tage an frischer Luft liegenlassen

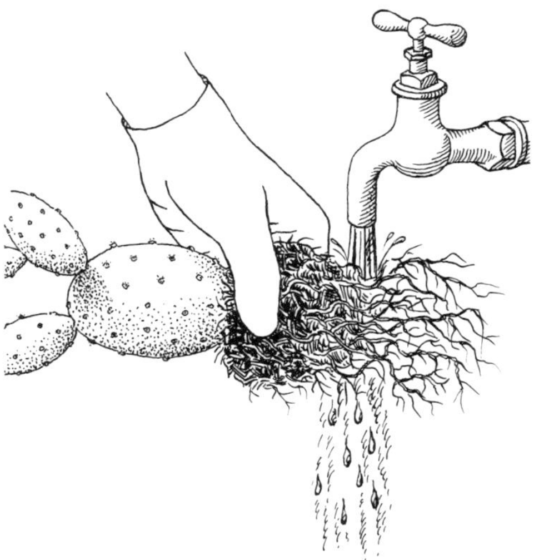

Zum Umstellen auf Hydrokultur sind die Wurzeln sorgfältig auszuwaschen

Geeignete Substrate:
- **Blähton**
- **Quarzkies**

Gut geeignet sind poröse Stoffe wie Blähton, Lavalit, Bims, aber auch Quarzkies in einer Körnung zwischen 3 und 6 mm. Weniger geeignet ist dagegen gebrochener Splitt, weil er sich durch die kantigen Außenflächen sehr dicht lagert und wenig Zwischenräume für Luft läßt. Mit der ersten Wassergabe wartet man etwa drei bis vier Wochen.

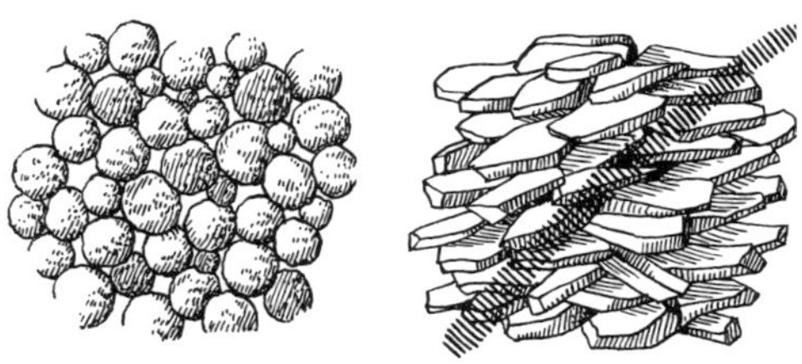

Kugeliges Substrat bildet viele Hohlräume (links)
Flächiges Substrat führt zur Verdichtung und ist deshalb ungeeignet (rechts)

Hydrokultur von Anfang an

Stecklinge oder Sämlinge, die ihre Wurzeln gar nicht erst in Erde bilden, bereiten in der weiteren Kultur gewöhnlich weit weniger Probleme.

Wie versorgt man Kakteen mit Wasser

Erst bei Wurzelneubildung Nährlösung auffüllen

Bei der ersten Wassergabe im Frühjahr und auch nach der Umstellung auf Hydrokultur wird das Substrat bis unten durchfeuchtet. Überschüssiges Wasser ist abzugießen. Erst wenn man sich überzeugt hat, daß neue Wurzeln vorhanden sind, wird soviel Nährlösung eingefüllt, daß der Boden des Einsatztopfes nur wenig in die Flüssigkeit eintaucht. Keinesfalls darf der Wasserstand längere Zeit über dem unteren Viertel des Topfes stehen, die Wurzeln würden schnell zu faulen beginnen. Vielmehr macht sich der Wechsel von hohem und niedrigem Wasserstand analog zu den bereits besprochenen Gießpausen bei normaler Erdkultur positiv bemerkbar. Mit sinkendem Wasserstand füllt sich der Wurzelbereich wieder mit der nötigen Luft auf. Im Sommer, also während der Vegetationsperiode sollte diese rhythmische Wasserversorgung gewährleistet werden. Um den Wasser- bzw. Nährlösungsstand kontrollieren zu können, wurden spezielle Anzeigeröhrchen entwickelt.

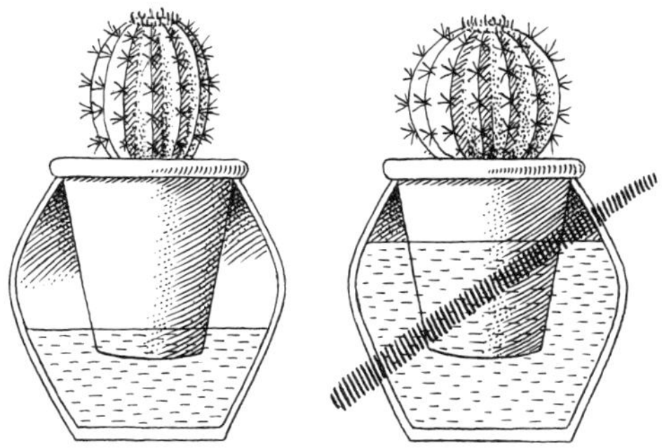

Optimaler Wasserstand (links), Wasserstand zu hoch (rechts)

Analog den Naturbedingungen ist der Wechsel zwischen hohem und niedrigem Wasserstand empfehlenswert

Ab November Überwinterung ohne Wasser

Ab September wird der Wasserstand kontinuierlich abgesenkt. Im November sollte man schließlich alle Flüssigkeit aus dem Vorratsbehälter entfernen. Bis im Frühjahr die neue Vegetation wieder beginnt, benötigen die Kakteen auch bei der Hydrokultur kein Wasser.
Entsprechend den Gießempfehlungen nach Standorten, kann man auch Arten mit gleichen Ansprüchen in einen Hy-

Zur Winterruhe Wasser entfernen!

Auch ein Kaktus braucht mal Wasser

drokasten pflanzen. Hier hat man eine bessere Platzausnutzung als bei vielen Einzelgefäßen. Für die richtige Wasserführung braucht man sehr viel Fingerspitzengefühl und eine gute Beobachtungsgabe.

Welches Wasser ist am besten

Der Salzgehalt beeinflußt die Wasserqualität

Destilliertes Wasser: 0 ... 1 mg gelöste Salze/l Wasser (links)
Regenwasser: etwa 10 ... 100 mg gelöste Salze/l Wasser (Mitte)
Leitungswasser: 50 ... 1000 mg und mehr gelöste Salze/l Wasser (rechts)
Obwohl äußerlich nicht sichtbar, ist Wasser unterschiedlicher Herkunft sehr verschieden mit Salzen belastet

Chemisch reines Wasser, wie es zum Nachfüllen von Autobatterien verwendet wird, ist zum Gießen von Kakteen nicht erforderlich. Dennoch spielt die Qualität des Gießwassers eine entscheidende Rolle. Schon die geringe Menge von weniger als 1 g gelöste Salze in einem Liter Wasser verändert die Brauchbarkeit erheblich. Je nachdem, woher das Wasser stammt, können unterschiedliche Stoffe in ihm gelöst sein.

Regenwasser

Oberflächenwasser kann verschiedene Schadstoffe und Mikroorganismen enthalten:
- **Schwebstoffe, feste Verunreinigungen**
- **Bakterien**
- **Pilze**

Wird Regenwasser vom Hausdach aufgefangen, sind neben gelösten Stoffen aus der Luft auch eine beträchtliche Menge an Schmutzbestandteilen im Wasser zu erwarten. Je nach Luftverschmutzung aus umliegenden Industrieanlagen kann schweflige Säure im Regenwasser enthalten sein. Sie macht das Wasser aggressiv. Es verbindet sich mit dem Zink der Regenrinne oder des Wasserleitungsrohrs zu pflanzenschädigendem Zinksulfit. Sind derartige Luftbelastungen auszuschließen, kann man Regenwasser fast bedenkenlos zum Gießen verwenden.

Bei Verwendung von Oberflächenwasser zum Gießen ist Vorsicht geboten

Luftverschmutzung durch Abgase belastet das Regenwasser

Leitungswasser

Wasser aus dem öffentlichen Netz ist aus Sicherheitsgründen häufig gechlort. Kakteen gehören zwar nicht zu den besonders chlorempfindlichen Pflanzen, aber gut ist es für sie auf keinen Fall. Speziell Aussaaten sollten nicht mit gechlortem Wasser gegossen werden.

Hartes Wasser, weiches Wasser
Eine große Rolle für die Pflanzenverträglichkeit spielt die Wasserhärte. Sie wird durch gelöste Calcium- und Magnesiumsalze gebildet. Je nach der Gesteinsart, durch die die Niederschläge in den Boden versickern, ist das Grundwasser hart oder weich. In weichem Wasser sind nur wenige der oben genannten Salze gelöst. Man merkt es beim Händewaschen, daß man länger spülen muß, bis man die Seife von den Händen hat. Bei hartem Wasser wird die Wirkung der Seife durch die Bildung von Kalkseife aufgehoben.

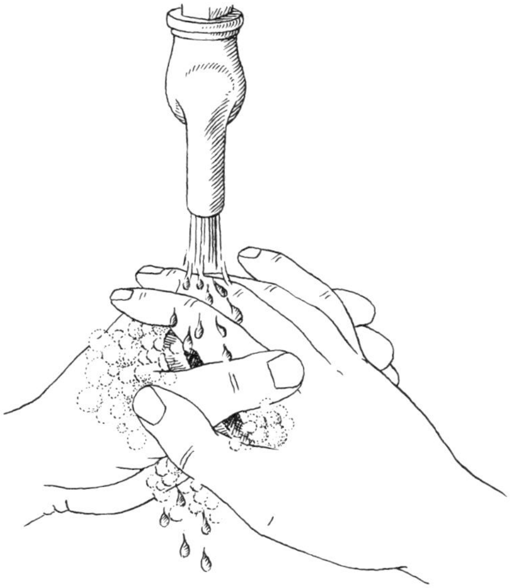
Wasserhärtetest beim Händewaschen

Wasserhärte wird in °dH (Grad deutscher Härte) angegeben (1°dH = 10 mg CaO/l Wasser)

Wasser mit 10° dH ist noch weich und gut zum Gießen geeignet. Bei mehr als 30°dH hat man es mit sehr hartem Wasser zu tun. Mit jedem Liter Gießwasser werden 300 mg gelöste Salze dem Boden zugeführt. Bei den langlebigen Kakteen summiert sich diese Menge und allmählich erreicht die Salzkonzentration pflanzenschädigende Bereiche. Die Folge sind erhebliche Störungen in der Wasser- und Nährstoffaufnahme. Besonders Sämlinge und Jungpflanzen von Kakteen sind sehr empfindlich gegen zu hohe Salzkonzentration im Boden. Ab wann sie pflanzenschädigend wirkt,

Weiches Wasser ist zum Gießen geeignet

Die Wasserhärte kann man im zuständigen Wasserwerk erfragen

Auch ein Kaktus braucht mal Wasser

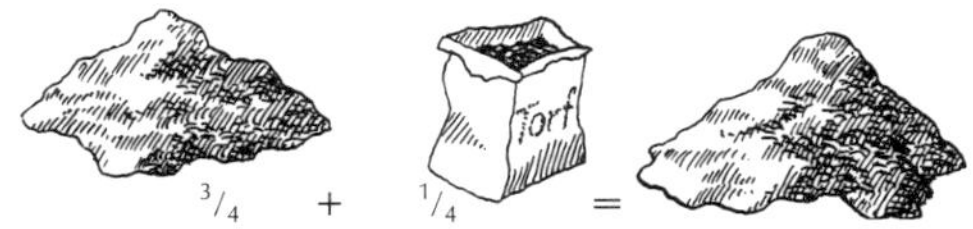

Bei hartem Gießwasser wird der Topferde Torf zugesetzt

Günstigster pH-Wert des Bodens zwischen 5,5 und 6,5

pH-Wert darf nicht über 7,0 liegen

Der pH-Wert muß durch gutes Puffervermögen der Erde möglichst stabil bleiben

Temporäre Härte wird durch Erhitzen auf 50°C beseitigt

hängt auch von der Zusammensetzung des Substrates ab. Allgemein wirkt ein hoher Torf- oder Humusanteil ausgleichend und Schäden treten nicht so schnell auf. Dagegen sind mineralische Erden, wie man sie für Kakteen bevorzugt, sehr schnell mit störenden Salzen »übersättigt«. Deshalb ist das Beimischen eines Anteiles Torf unter mineralische Kakteenerde anzuraten, wenn man verhältnismäßig hartes Wasser zum Gießen verwenden muß.

Eine weitere Folge der Verwendung von sehr hartem Gießwasser ist die Bindung der Bodensäuren. Die daraus resultierende Erhöhung des pH-Wertes bewirkt wiederum die Festlegung bestimmter Pflanzennährstoffe, besonders des Phosphors. Er ist dann in der Form für die Pflanze nicht mehr aufnehmbar.

Auch hier kann man feststellen, daß ein Torfanteil in der Erde solchen Erscheinungen in gewissen Grenzen entgegenwirkt. Das Vermögen, pH-Wert Verschiebungen auszugleichen, nennt man Pufferung des Bodens.

Wird die Wasserhärte von Carbonaten gebildet, spricht man von temporärer (vorübergehender) Härte. Sie kann durch Erhitzen des Wassers weitgehend aufgehoben werden. Das lösliche Hydrogencarbonat wandelt sich bei etwa 40 bis 50°C in unlösliches Carbonat um und setzt sich im Kochgefäß als Kesselstein ab. Im Wasser verbleiben die als Sulfate vorliegenden Salze in Lösung, die man als permanente Härte bezeichnet.

Wasseraufbereitung

Feste Verunreinigungen, die das Wasser mitführt, können durch Kiesfilter abgesondert werden.

Mikroorganismen, deren Vorhandensein sich negativ auf die Kakteen auswirken kann, sind nur bedingt über Kiesfilter aus dem Wasser zu entfernen. Zu hohe Konzentrationen solcher Mikroorganismen sind mit Sicherheit in übelriechenden oder sogenannten »umgekippten« Gewässern zu vermuten und schließen deren unbedenkliche Verwendung aus.

Im Wasser gelöste Salze lassen sich über einen Zweistufen-Kunstharzfilter entfernen. Dieses Verfahren ist zwar sehr wirksam, aber für den Amateur zu aufwendig. Neben der Anschaffung müssen die Filter nach Gebrauch mit Salzsäure und Natronlauge immer wieder regeneriert werden.

Einfacher ist das Ausfällen der Salze mit Oxalsäure. Bei dieser Prozedur muß man sehr gewissenhaft arbeiten; man darf nur so viel Oxalsäure zugeben, wie tatsächlich benötigt wird. Zur Beseitigung von 1°dH in 1 m^3 Wasser werden 22,5 g Oxalsäure gebraucht. Wenn bei der Berechnung zwischen 5° und 10° als Resthärte vorgesehen wird, kann man sicher sein, daß keine Oxalsäure im Gießwasser gelöst bleibt. Auf Dauer wäre auch sie den Pflanzen nicht zuträglich. Nach der Umsetzung entsteht

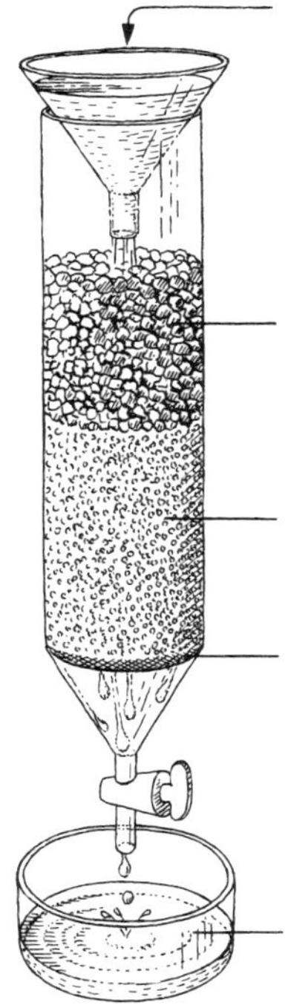

Wasserreinigung über Kiesfilter

Entsalzen des Wassers

– mit Ionenaustauscher

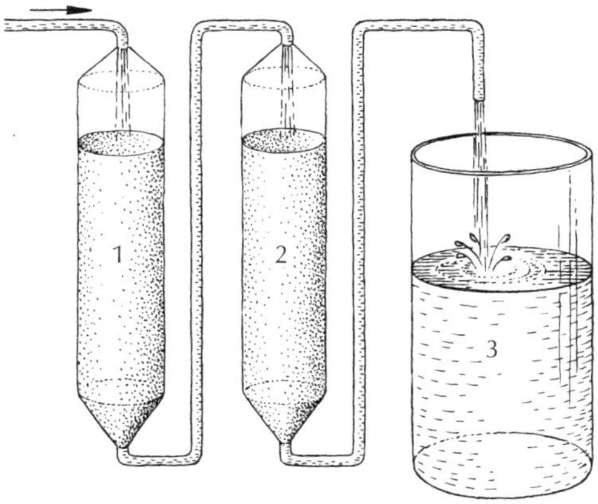

Wasserenthärtung über Ionenaustauscher
1 Kationenaustauscher
2 Anionenaustauscher
3 Sammelbehälter

– durch Ausfällen mit Oxalsäure

– mit Hilfe von Torf

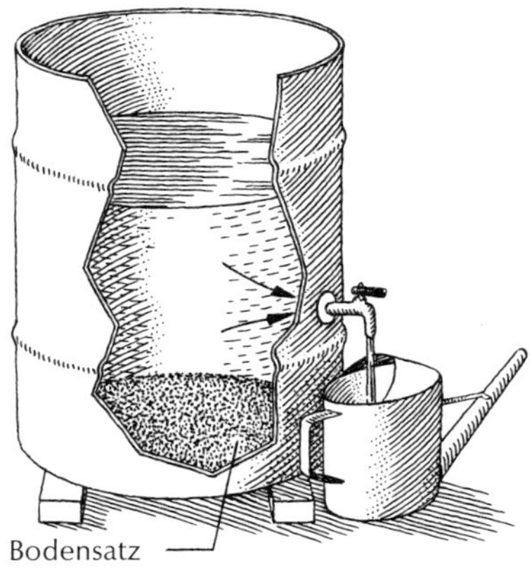

Entsalzung über Oxalsäure

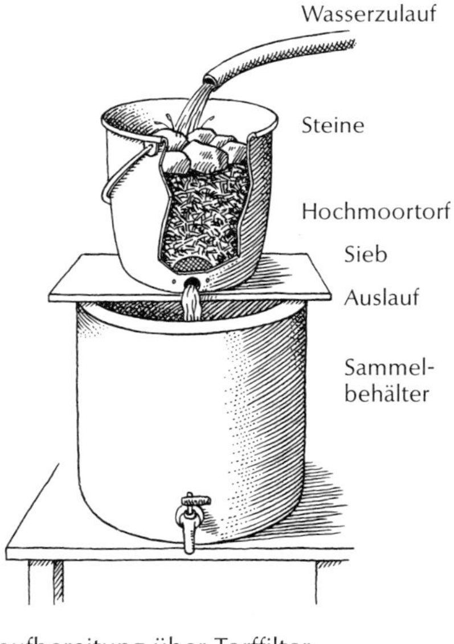

Wasseraufbereitung über Torffilter

ein unlöslicher Niederschlag aus Oxalaten, der sich allmählich am Boden des Gefäßes absetzt. Man wartet etwa ein bis zwei Tage und saugt dann sehr vorsichtig das abgeklärte Wasser ab. Der Bodensatz wird weggegossen.

Wesentlich praktikabler und unkomplizierter ist das folgende Verfahren der Wasseraufbereitung: In einen Plastikeimer wird in den Boden ein Loch geschnitten, das man mit einem Sieb abdeckt. Dann füllt man den Eimer mit Hochmoortorf, der mit einer Schicht Steine beschwert wird. Die Steine sollen verhindern, daß der Torf bei Wasserzugabe im Eimer schwimmt. Den so hergestellten Filter befestigt man über einem Auffangbecken und läßt das aufzubereitende Wasser langsam durchlaufen. Dabei sollte die Einlaufgeschwindigkeit möglichst so geregelt sein, daß der Torf immer unter Wasser bleibt. Das unten auslaufende Wasser ist leicht sauer und durch das Austauschvermögen des Torfes von den störenden Salzen befreit. Natürlich ist die Kapazität des Torfes nicht unerschöpflich. Je nach Wasserhärte und Beschaffenheit des Torfes können mit fünf Litern Torf 0,1 bis 1 m^3 Wasser soweit aufbereitet werden, daß es den Ansprüchen eines guten Gießwassers genügt. Der verbrauchte Torf kann zur Bodenverbesserung im Garten verwendet werden.

Für jeden Kaktus die richtige Erde

Schon seit Jahren werden im Gartenbau Einheitserden mit bestem Erfolg eingesetzt, doch unter Kakteenfreunden ist »die richtige Mischung« noch immer ein heiß umstrittenes Diskussionsthema. Nicht nur, um mitreden zu können, sondern auch um für die eigene Kakteensammlung die richtige Entscheidung zu fällen, ist fachgerechte Hintergrundinformation angebracht.

Kakteenerde soll locker und durchlässig sein.

Die Erde hat nicht nur die Aufgabe, der Pflanze Halt zu geben, in erster Linie muß sie Wasser und Nährstoffe zur Aufnahme über die Wurzel bereithalten. Wachstum und Entwicklung der Pflanze ist nur durch Zusammenwirken aller Nährstoffe, Wasser und der übrigen Umweltfaktoren möglich. Dabei hat jeder Nährstoff eine ganz spezifische Wirkung auf die Pflanze. Ist der Nährstoffvorrat der Erde erschöpft, aber die Erdstruktur noch intakt, kann man durch Düngen die fehlenden Nährstoffe ergänzen. Doch ist hier unbedingt Sparsamkeit angeraten. Viel schneller sind Schäden durch Überdüngung entstanden als durch Nährstoffmangel.

Wird die Topferde den Anforderungen nicht mehr gerecht, muß umgetopft und die alte Erde durch neue ersetzt werden. Die Entscheidung, wie die Erdmischung jeweils auszusehen hat, ist nun kein Problem mehr.

Für jeden Kaktus die richtige Erde

Boden

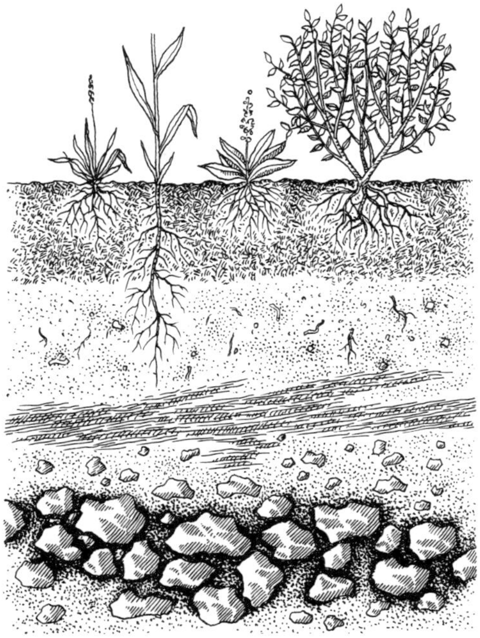

Bodenhorizonte

Substrat

Grundvoraussetzungen einer Kakteenerde:
- **locker**
- **durchlässig**
- **keine frische Komposterde, um Fäulnis vorzubeugen**
- **leicht saurer pH-Wert**

Käufliche Substrate

▷ *Opuntia phaeacantha* hat bezaubernde, große gelbe Blüten

Welche Aufgaben Kakteenerde hat

Der Boden ist die oberste Verwitterungsschicht der festen Erdrinde. Er ist die Voraussetzung für jeglichen Pflanzenwuchs und enthält mehr oder weniger Anteile an organischer Substanz (Humus), gebildet aus abgestorbenen und verrotteten Pflanzenteilen. Wird der Boden von seinem natürlichen Untergrund abgetragen und anderenorts verwendet, spricht man von Erde.

Erde kann auch durch besondere Verfahren, z. B. durch Kompostierung gewonnen werden. Je nach den Ausgangsstoffen unterscheidet man zum Beispiel Landerde, Rasenerde, Lauberde, Nadelerde oder Komposterde.

In neuerer Zeit spricht man auch häufig von Substraten. Dieser Begriff stammt ursprünglich aus der Hydrokultur und bezeichnete nur Stoffe, die eine Haltefunktion haben, sich chemisch gesehen jedoch inaktiv verhalten. Genannt seien hierbei Hydrokies oder Kunststoffborsten.

Heute versteht man unter »Kultursubstraten« für bestimmte Verwendungszwecke (Kulturen) meist industriell gefertigte Gemische verschiedener organischer und anorganischer Ausgangsstoffe. Hauptbestandteil dieser Substrate ist in der Regel Torf, der mit Ton und anderen Zuschlagstoffen gemischt und verarbeitet wird. Substrate werden im Handel in Folietüten angeboten. Bei Kakteenerde sollte man sich nach der Zusammensetzung erkundigen.

Welche Aufgaben Kakteenerde hat

◁ Behaarung als Sonnen- und Kälteschutz bei Gebirgskakteen

Für ein andauerndes Pflanzenwachstum muß die Erde alle notwendigen Nährstoffe in ausreichender Menge enthalten. Der Verlust durch Ausspülung und Aufnahme durch die Pflanzen kann durch Düngung ausgeglichen werden.

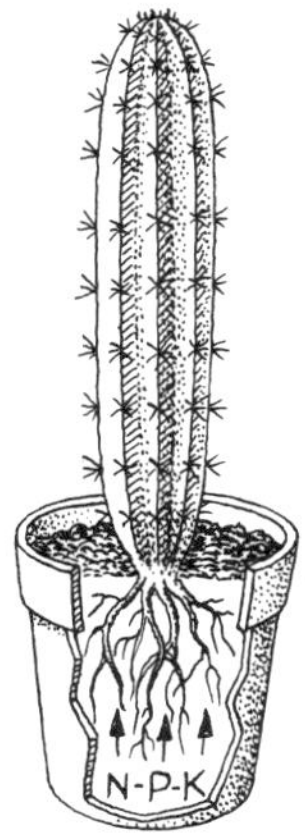

Nährstoffaufnahme und Verankerung über die Wurzel

Funktionen der Erde:

1. Pflanze muß Halt haben

Die Topferde muß für die Pflanze zwei Funktionen erfüllen:
Die Wurzel muß Halt in der Erde finden und die notwendigen Nährstoffe aufnehmen können. Für die Standfestigkeit ist bei getopften Pflanzen die Topfgröße von Bedeutung. Bei Kugelkakteen gilt als Richtmaß: Der obere Durchmesser des Topfes soll nicht wesentlich größer als der Durchmesser der Pflanze sein. Bei Säulenkakteen liegt das optimale Verhältnis von Topfhöhe zu Pflanzenhöhe bei 1 : 3 bei kleinen, bis 1 : 8 bei Kakteen über 1 m Höhe. Töpfe mit großer Standfläche sind günstiger als stark konisch zulaufende Formen. Das Einfüttern der Töpfe in Sand verbessert ebenfalls die Standfestigkeit.
Entscheidend ist auch das Gewicht der Erde. Leichte Torferde ist schon deshalb für größere Kakteen ungeeignet, weil dann im Wurzelbereich das erforderliche »Gegengewicht« fehlt. Dadurch werden die Pflanzen »kopflastig« und fallen früher oder später um.

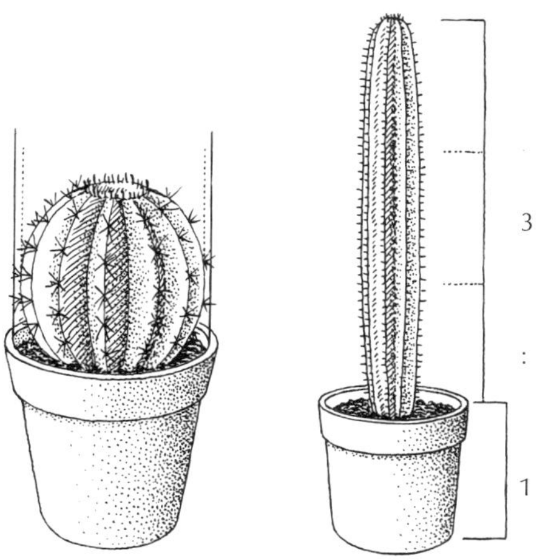

Optimales Verhältnis zwischen Topf und Kugelkaktus (links)
Optimales Verhältnis zwischen Topf und Säulenkaktus (rechts)

2. Versorgung mit Nährstoffen und Wasser

Die Nährstoff- und Wasserversorgung der Pflanze ist die zweite Funktion der Erde. Nährstoffe können nur in gelöster Form über die Wurzeln aufgenom-

Für jeden Kaktus die richtige Erde

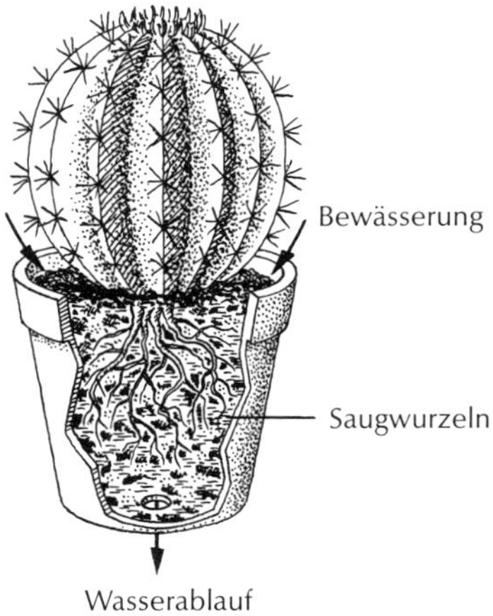

Wasserkapazität

Torf

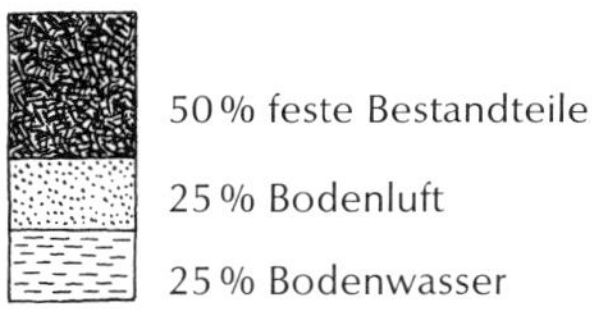

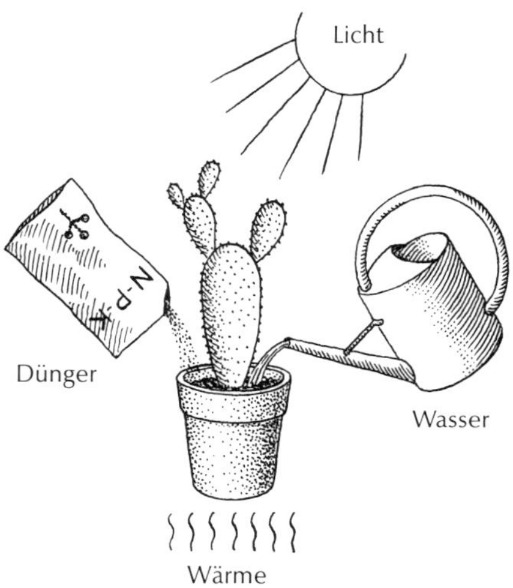

Maximale Wachstumsbedingungen sind für Kakteen nicht sinnvoll

men werden, das heißt, es muß auch Wasser für den Lösungsprozeß im Boden vorhanden sein. Eine gute Erde sollte etwa 50 % feste Bestandteile, 25 % Wasser sowie 25 % Luft enthalten.

Die Wassermenge, die von der Erde aufgenommen und entgegen der Schwerkraft festgehalten wird, bezeichnet man als Wasserkapazität. Sie ist je nach Beschaffenheit und Zusammensetzung der Erde sehr unterschiedlich. Steigende Anteile an Lehm und Ton haben eine Zunahme an Wasserkapazität zur Folge. Die höchste Wasserkapazität hat Torf, der über 50 % seines Volumens an Wasser aufsaugen und es später an die Pflanzen wieder abgeben kann. Zudem ist Torf sehr strukturbeständig, so daß der Gasaustausch zwischen Boden- und Außenluft gewährleistet ist. Somit können durch hohe Torfanteile in der Erde optimale Verhältnisse hinsichtlich des Wasser-Lufthaushaltes geschaffen werden.

Dies ist auch der Grund, weshalb auf maximalen Zuwachs bedachte Gärtnereien stark torfhaltige Substrate auch für die Aufzucht von Kakteen verwenden. Mit entsprechender Nährstoffzufuhr werden die Pflanzen ständig am Wachsen gehalten. Für den Kakteenliebhaber ist diese Art der Kulturführung nicht erstrebenswert. Denn solche stark getriebenen Pflanzen sind nur mühsam an die Bedingungen in einer Liebhabersammlung anzupassen und später immer krankheitsanfällig.

Welche Aufgaben Kakteenerde hat

Nachteil von Torf

Einen entscheidenden Nachteil hat das Torfsubstrat außerdem für die Kakteenkultur: Wenn es ausgetrocknet ist, und das sollte es im Interesse eines gesunden Wuchses ja in Abständen sein, läßt es sich nur sehr schwer wieder befeuchten. Torf quillt, wenn er Wasser aufnimmt und schrumpft, wenn er austrocknet. Dadurch entsteht zwischen Wurzelballen und Topfwand ein Spalt. Die Folge ist, daß die Pflanzen erstens ihren Halt im Topf verlieren und wegen »Kopflastigkeit« umfallen. Zweitens fließt beim Gießen das Wasser durch diesen Spalt nach unten ab, ohne den Wurzelballen zu befeuchten. Beim Kauf von Kakteen sollte man deshalb auch auf die verwendete Erde achten und bei Pflanzen in reinen Torfsubstraten skeptisch sein.

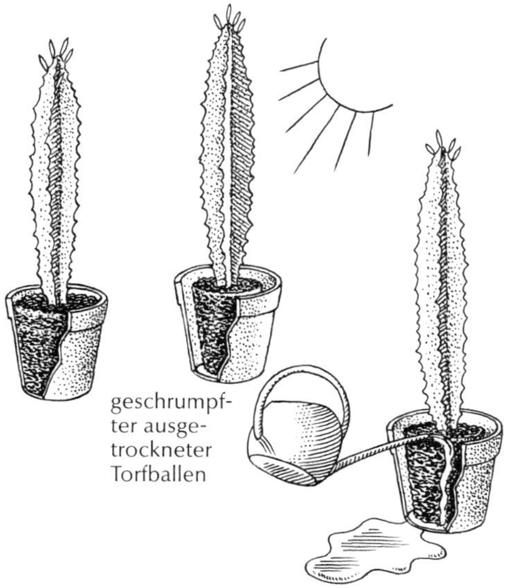

Torfsubstrat führt zu Gießproblemen

Bei längerer Kultivierung in Torf ist Düngung nötig

Für die Weiterkultur in derart leichten Erden ist zu beachten, daß sie fast keine Nährstoffe enthalten. Während der Wachstumszeit müssen solche Pflanzen regelmäßig gedüngt werden. Der Kakteenfreund kann nicht immer diese optimalen Kulturbedingungen hinsichtlich Licht, Luftfeuchtigkeit und Temperatur schaffen. Er ist auch nicht an maximalem Zuwachs, sondern eher an gesund gewachsenen, stabilen Pflanzen interessiert.

Günstiger Torfanteil 10 bis 40 %

Positiv wirkt sich ein Torfanteil von etwa 10 bis 40 % in der Kakteenerde aus. Dadurch wird die Wasserkapazität einer sand- und tonhaltigen Mischung wesentlich verbessert. Bei ausreichendem Humusgehalt in der Erde entsteht

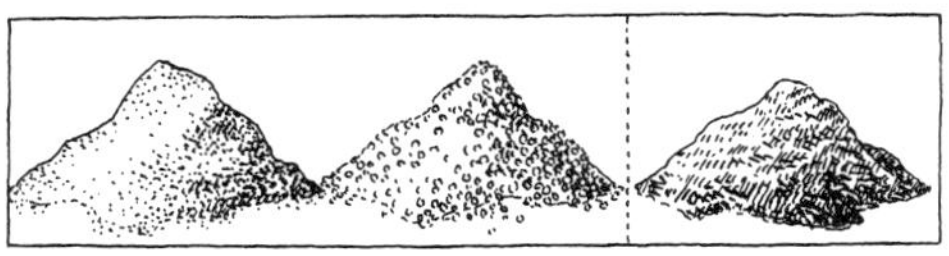

Kakteenerde mit ⅔ mineralischen und ⅓ humosen Anteilen

Für jeden Kaktus die richtige Erde

Krümelstruktur

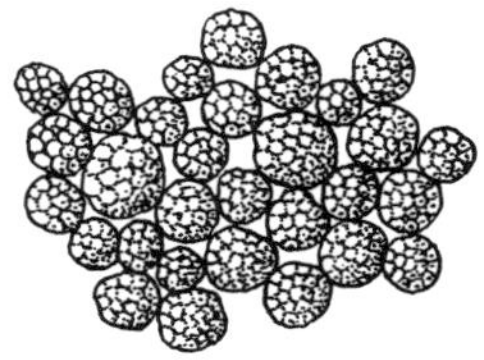

Krümelstruktur aus Ton-Humus-Teilchen

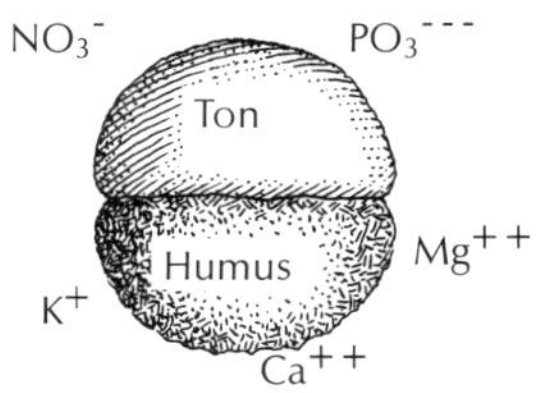

Ton-Humus-Komplex

Mineralisation

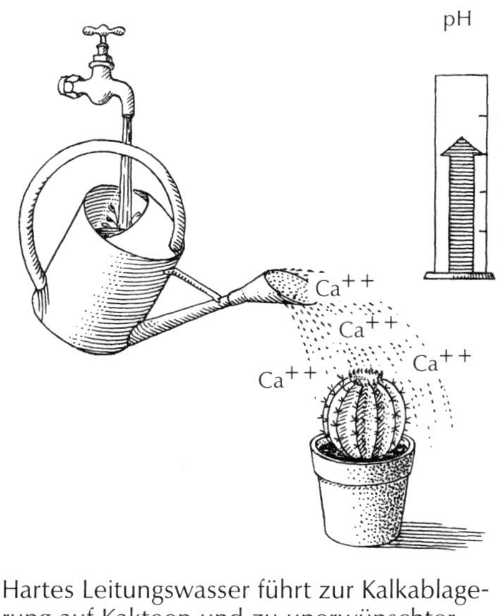

Hartes Leitungswasser führt zur Kalkablagerung auf Kakteen und zu unerwünschter Erhöhung des pH-Wertes

Puffervermögen – innerhalb bestimmter Grenzen kann pH-Wert konstant gehalten werden, gleich ob Säuren oder Basen zugesetzt werden

Am besten ist ein leicht saurer pH-Wert (etwa 5,5)

die sogenannte Krümelstruktur. Ton- und Humusbestandteile lagern sich zusammen zu relativ stabilen kugelförmigen Teilchen von etwa 1 bis 3 mm Größe und bilden die Feinstruktur der Erde. Zwischen den Krümeln ist genügend Raum für Wasser und Luft. Besonders wichtig sind diese Feinstrukturen für die Nährstoffspeicherung im Boden. An den Grenzflächen können unterschiedliche Ionen angelagert und ausgetauscht werden. Damit ist eine wichtige Voraussetzung für die kontinuierliche Nährstoffversorgung durch die Erde geschaffen.
Werden die Humusanteile infolge fortschreitender Mineralisation abgebaut, zerfallen die Krümel wieder. Die Erde verschlämmt und verkrustet. Das wiederum hat negative Folgen für den Wasser- und Lufthaushalt der Erde. Bei fehlender Bodenluft können die Wurzeln nicht atmen und sterben schließlich ab.

Neben der Bereitstellung und Speicherung von Nährstoffen, muß die Erde auch in der Lage sein, Verschiebungen des pH-Wertes entgegenzuwirken. Besonders bei Verwendung von hartem Gießwasser wird der pH-Wert durch die anhaltende Zufuhr von Ca-Salzen immer mehr angehoben. Deshalb muß man, sofern mit Leitungswasser gegossen wird, den pH-Wert bestimmen. Das sogenannte Puffervermögen der Erde kann deren pH-Wert in gewissen Grenzen konstant halten. Puffersysteme entstehen durch gemeinsame

Lösung einer schwachen Säure und deren Salz. Im Boden sichern die Huminsäuren und ihre Salze die Pufferung. Aus diesem Grunde sollte der Humusanteil der Erde bei Verwendung von hartem Gießwasser nicht zu knapp bemessen sein.

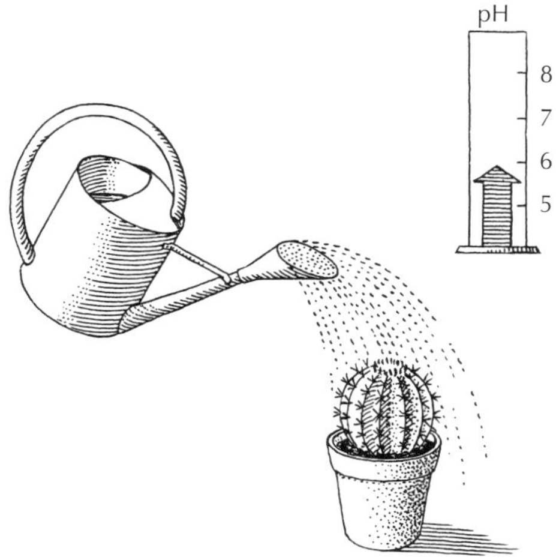

Regenwasser ist günstiger

Verschiedene Erdmischungen

Wichtig ist Strukturbeständigkeit

Kakteenerde unterscheidet sich in vielerlei Hinsicht von Erden, die für andere Topfpflanzen verwendet werden. Das hängt zum einen mit den Ansprüchen an den Nährstoffhaushalt zusammen, zum anderen mit der Wasserführung. Die Forderungen der meisten Kakteenarten an die Versorgung mit Stickstoff ist sehr gering, dagegen sollte es weder an Phosphor noch an Kalium mangeln. Die Struktur der Kakteenerde muß so beschaffen sein, daß sie auch nach völligem Austrocknen problemlos Wasser aufnehmen kann. Kakteen können über Jahre in demselben Substrat kultiviert werden. Voraussetzung dafür ist eine gute Strukturbeständigkeit der Kakteenerde. Jedes Umtopfen bedeutet eine erhebliche Beeinträchtigung im Lebensablauf der Pflanzen.

1. Jahr eintopfen

6. Jahr umtopfen

Zusammensetzung

Für die Zusammensetzung von Kakteenerden gibt es viele Empfehlungen, die den besonderen Ansprüchen verschiedener Entwicklungsstufen (Aussaaterde, Pikiererde, Topferde) beziehungsweise den Besonderheiten der heimatlichen Standorte Rechnung tra-

Für jeden Kaktus die richtige Erde

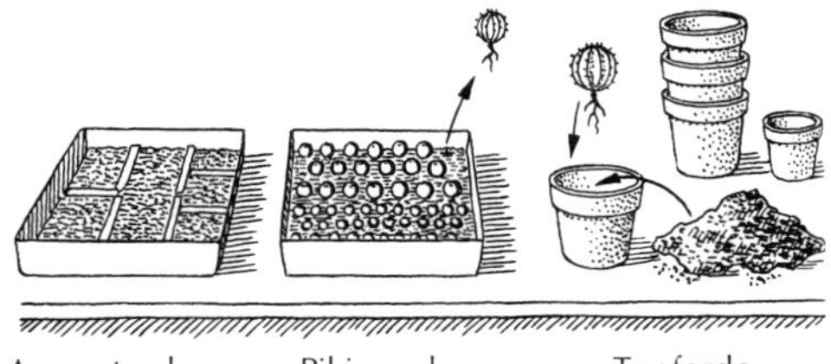

Kleine Sammlung → nicht jeder Kaktus erhält »seine« Erde

gen. Man kann natürlich auch alle erwähnten Besonderheiten unberücksichtigt lassen und den bestmöglichen Kompromiß zur Erfüllung der verschiedenen Ansprüche versuchen. Der Besitzer einer relativ kleinen Kakteensammlung sollte nicht traurig sein, daß er nicht für jeden Kaktus eine spezielle Erdmischung herstellen kann und getrost auf die enorme Anpassungsfähigkeit seiner Pfleglinge vertrauen. Wer allerdings eine sehr umfangreiche, vielleicht auf eine bestimmte Gruppe ausgerichtete Sammlung besitzt, sollte sich schon Gedanken machen, wie er deren besonderen Ansprüchen gerecht wird.

Das Umtopfen ist gut vorzubereiten

Allgemein verwendbare Kakteenerde: $^2/_3$ mineralische Bestandteile und $^1/_3$ humose Bestandteile sind eine günstige Mischung (Gilt nicht für epiphytisch wachsende Kakteen!)

Allgemein verwendbare Kakteenerde sollte zu zwei Dritteln aus mineralischen und zu einem Drittel aus humosen Anteilen bestehen. Als mineralischer Zuschlagstoff sollte wenigstens teilweise poröses Material wie Ziegelsplitt, Bimskies oder Lavalit Verwendung finden. Die Körnung liegt zwischen 1 bis 5 mm im optimalen Bereich. Ist das Substrat zum Topfen größerer Kakteen gedacht, kann auch eine größere Körnung verwendet werden. Gewaschener Kies oder scharfer Sand sind ebenfalls als mineralisches Material einsetzbar.

Kleine Pflanzen gehören in feinere Erde als größere

Als mineralische Bestandteile kommen in Frage:
- **Ziegelsplitt**
- **Bimskies**
- **Lavalit**
- **gewaschener Kies**
- **Sand**
- **Lehm**
- **Ton**

Zu den mineralischen Bestandteilen der Erde gehören aber auch Lehm und Ton. Diese Bestandteile sind besonders wichtig als »Träger« der Nährstoffe. Allerdings sollten Ton und Lehm im Interesse der Struktur der Erde an Humus zu Ton-Humus-Krümeln gebunden sein. Zu diesem Zweck müssen Ton und Torf in feuchtem Zustand ausgiebig gemischt worden sein, bis die gewünschte krümelige Struktur annähernd erreicht wurde.

Wesentlich einfacher ist es, eine entsprechende Menge Einheitserde zu kaufen, wie sie zum Topfen von Zierpflanzen verwendet wird. Bei Einheitserde kann man davon ausgehen, daß sie zu je 50% Ton und Torf enthält. Empfehlenswert ist der weniger aufgedüngte Typ P. Durch Mischen von zwei Teilen Einheitserde mit einem Teil mineralischen Bestandteilen wie Sand, Kies oder Bimskies, kommt man auf das oben erwähnte Mischungsverhältnis. Steht nur eine Topferde mit geringerem Tonanteil zur Verfügung, muß man entsprechend mehr mineralisches Substrat beimengen. Diese Grundmischung kann man nun entsprechend den speziellen Ansprüchen einzelner Kakteengruppen noch erheblich variieren.

Für Gebirgskakteen sollte der mineralische Anteil bis auf etwa 75% erhöht werden. Das heißt, wenn man wieder von der Einheitserde ausgeht, wird die gleiche Menge Kies beigemischt, um auf das gewünschte Verhältnis zu kommen. Gebirgskakteen werden auch mit Erfolg in rein mineralischem Substrat kultiviert, wobei poröse Bestandteile die Wasser- und Nährstoffspeicherung übernehmen.

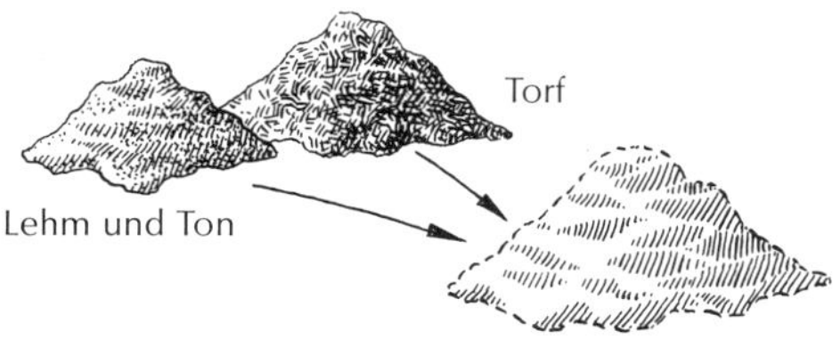

Feuchte Mischungsbestandteile fördern die Bildung der Krümelstruktur

Erdmischungen in Abhängigkeit von der Art der Wurzeln

	Rübenwurzler Gebirgskakteen	Flachwurzler Steppenkakteen	Epiphyten
Einheitserde (50% Ton, 50% Torf)	1 Teil	2 Teile	1 Teil
Bimskies, scharfer Sand Lavalit (1...4 mm Korngröße)	1 Teil	1 Teil	1 Teil
Torf (Hochmoortorf)			1 Teil
			Für Blattkakteen: + verrotteter organischer Dünger oder Depotdünger

Variationsmöglichkeiten

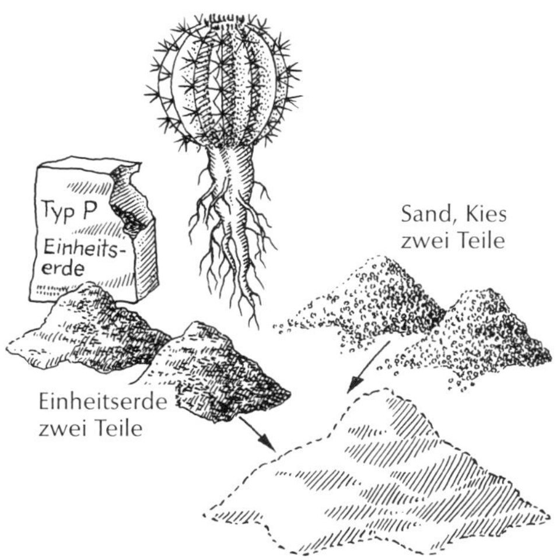

Kakteen mit Rübenwurzel lieben mehr mineralische Substrate

Für jeden Kaktus die richtige Erde

Wurzeln geben Aufschluß über Heimatstandort

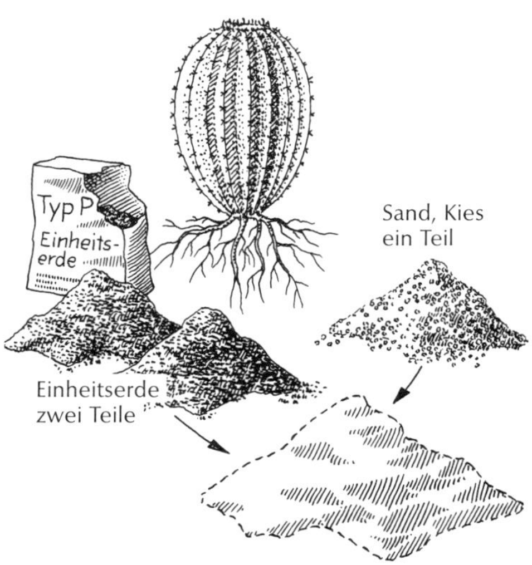

Mischungsbestandteile für Kakteenerde

Wer nicht exakt über die Heimat seiner Kakteen Bescheid weiß, kann sich auch nach der Wurzelart richten: Alle Pflanzen mit Rübenwurzeln erhalten die Mischung mit erhöhtem Kiesanteil, alle nichtepiphytischen mit flachem Wurzelwerk bekommen die Grundmischung. Für die weniger sukkulenten sowie die epiphytisch wachsenden Kakteen ist eine Mischung von 50 % Humus und 50 % mineralischen Bestandteilen angebracht. Dazu wird die Einheitserde mit der gleichen Menge einer Mischung aus 50 % Torf und 50 % Kies vermengt. Für die weit verbreiteten Blattkakteen wird die Beimengung von verrotteten Kuhfladen und kompostierter Rasenerde empfohlen. Die eben erwähnten Ausgangsstoffe wird man heute u. U. nur noch schwer beschaffen können. Durch Zugabe eines Langzeit- oder Depotdüngers kann die »Wunderwirkung« der Kuhfladen weitgehend ersetzt werden.

Wie wird gemischt?

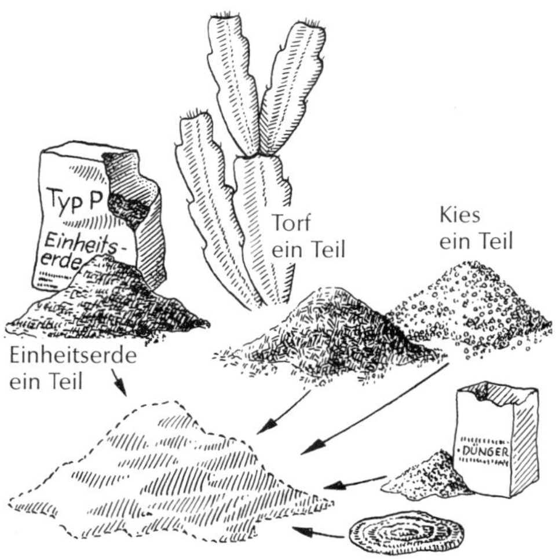

Erdzusammensetzung für epiphytische Kakteen

In diesem Abschnitt wurde immer wieder vom Mischen der Bestandteile geschrieben. Zur Veranschaulichung sei dieser Vorgang kurz erläutert:
Je nach gewünschter Menge werden alle Ausgangsstoffe getrennt als kegelförmige Häufchen auf den Arbeitstisch oder eine ebene Fläche geschüttet. Nun wird schaufelweise, entsprechend dem angestrebten Mischungsverhältnis von jedem Häufchen entnommen und damit ein neuer Haufen kegelförmig aufgesetzt. Sind nun alle Ausgangsstoffe dort vereinigt, schau-

felt man vom Fuß des neuen Haufens weg und errichtet damit einen neuen Mischkegel. Nachdem dieser Vorgang zweimal wiederholt wurde, kann man annehmen, daß alle Komponenten gleichmäßig miteinander vermischt sind.

In jedem Boden und jeder Erde muß neben einer Vielzahl von nützlichen Mikroorganismen auch mit Sporen der verschiedensten Schadpilze gerechnet werden. Bei Verwendung der Erde können sie auskeimen und zur Infektion der frisch pikierten oder getopften Kakteen führen. Um dem vorzubeugen, ist die wirksamste Methode das Dämpfen der Erde. Dazu wird die gut durchfeuchtete Erde in einem geschlossenen Gefäß im Backofen auf 100°C erhitzt und etwa 15 Minuten bei dieser Temperatur gehalten. Eine Gärtnerregel besagt, die Erde muß so lange gedämpft werden, bis eine mit eingelegte Kartoffel gut gegart ist. Während der Erwärmung keimen Pilzsporen aus und werden dann abgetötet. Größere Erdmengen können auch in einem alten Kartoffeldämpfer oder einem Waschkessel gedämpft werden. Für den Hausgebrauch des Liebhabers genügt diese Methode des Erdedämpfens.

Bei der chemischen Bodenentseuchung kommen hochgiftige Mittel zum Einsatz, die zusammen mit der Bodenfeuchtigkeit gefährliche Gase entwickeln. Aus Sicherheitsgründen gehört diese Art der Bodenbehandlung in die Hand eines Fachmannes.

So mischt man Erde

Erde dämpfen, um Pilzinfektionen zu vermeiden

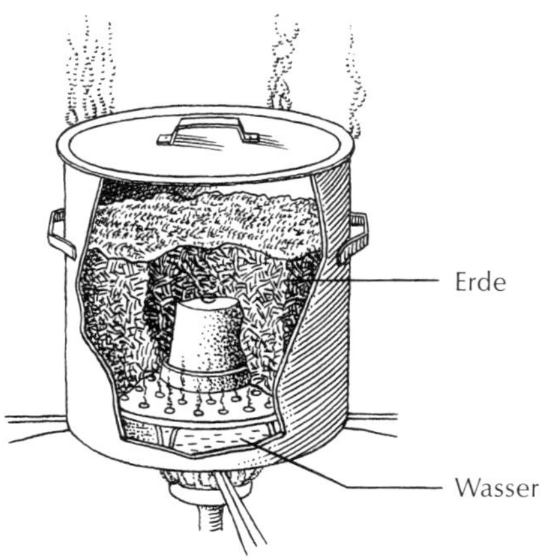

Erde dämpfen im Wecktopf

Desinfizieren mit chemischen Mitteln

Für jeden Kaktus die richtige Erde

Pflanzennährstoffe und Düngung

Alle Nährsalze, die die Pflanze zum Stoffaufbau benötigt, entnimmt sie über ihre Wurzeln aus der Erde. Sind sie verbraucht oder durch reichliche Wassergaben ausgespült, können sie durch Düngung der Erde wieder zugeführt werden.

Dünger enthalten Pflanzennährstoffe in konzentrierter Form. Nach ihrer chemischen Zusammensetzung kann man zwischen organischen und anorganischen Düngern unterscheiden.

Organische Dünger

Auch im Zeitalter der Chemie haben organische Dünger durchaus ihre Bedeutung. Für Kakteenarten mit hohem Nährstoffbedarf, wie beispielsweise Blattkakteen, wird verrotteter Kuhdung als Beimischung zum Substrat empfohlen. Hornspäne als langsamfließender Stickstofflieferant sind für starkwachsende Kakteen, wie *Opuntia* und Säulenkakteen gut einsetzbar.

Anorganische Dünger

Anorganische Dünger sind wasserlösliche Salze, die einzeln oder als Mischung verwendet werden.

In der Regel wird der Kakteenfreund Volldünger einsetzen. Als Volldünger bezeichnet man solche Mischungen, die alle Hauptnährstoffe enthalten. Für bestimmte Zwecke sind aber auch Einzelnährstoffdünger angebracht.

Mengenmäßig am stärksten werden
Stickstoff (N),
Phosphor (P),
Kalium (K) und
Calcium (Ca)

von der Pflanze aufgenommen. Man spricht deshalb auch von den Haupt- oder Makronährstoffen. Die anderen, in geringeren Mengen benötigten Stoffe sind jedoch für die Lebensvorgänge der Pflanzen nicht minder wichtig. Nach dem von Justus von Liebig aufgestellten »Gesetz vom Minimum« kann das Pflanzenwachstum nur soweit vonstatten gehen, wie es der am wenigsten zur Verfügung stehende Nährstoff gestattet. Eine gegenseitige Ersatzfunktion ist dabei ausgeschlossen, d. h. man kann Phosphormangel nicht durch eine doppelte Stickstoffdüngung ausgleichen.

Makronährstoffe

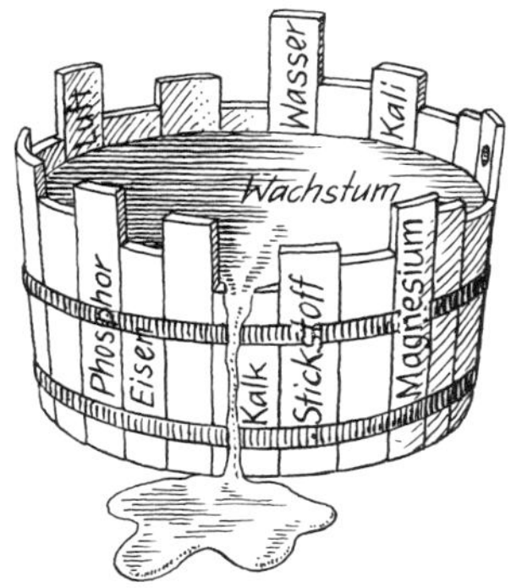

Gesetz vom Minimum (Justus von Liebig) Wachstum ist nur in dem Maße möglich, wie es der am geringsten vorhandene Wachstumsfaktor erlaubt

Mikronährstoffe

Die Nährstoffe, die nur in geringen Mengen benötigt werden, nennt man Mikronährstoffe oder Spurenelemente. Zu ihnen gehören Magnesium (Mg), Mangan (Mn), Eisen (Fe), Kupfer (Cu), Bor (B), Schwefel (S), um nur einige zu nennen. In der Regel sind diese Stoffe auch in ausreichender Menge in allen Erden vorhanden.

Die Wirkung der einzelnen Nährstoffe unabhängig voneinander zu betrachten, ist zwar möglich, man sollte aber nie vergessen, daß der Stoffwechsel nur als komplexes Zusammenwirken aller Wachstumsfaktoren funktionieren kann.

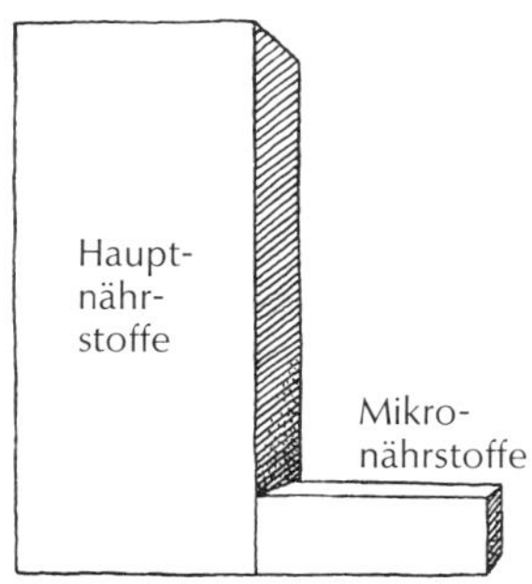

Stickstoff

Kakteen haben nur geringen N-Bedarf

Stickstoff (N) ist ein wesentlicher Bestandteil aller Eiweißverbindungen. Auch am Aufbau des Chlorophylls, des Zellkerns und des Protoplasmas der

Für jeden Kaktus die richtige Erde

Pflanzenaufnehmbare Formen des Stickstoffs

Stickstoffdüngung fördert das Wachstum

Wirkungen der N-Düngung

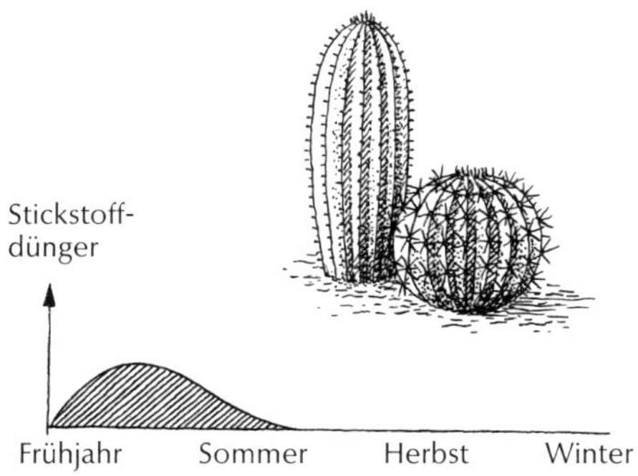

Ausreichende Versorgung bewirkt:
- **reiche Blüten- und Fruchtbildung**
- **z. T. intensive Blütenfarbe**

Zelle ist er maßgeblich beteiligt. Stickstoff ist also für das Wachstum der Pflanze unbedingt erforderlich.
Vom unerschöpflichen Vorrat an Stickstoff in der Luft kann die Pflanze nichts aufnehmen. Auch der meiste im Boden an organische Substanzen gebundene Stickstoff ist für die Pflanzen nicht verfügbar. Maximal etwa 4 % des organisch gebundenen Stickstoffvorrates werden pro Jahr in pflanzenaufnehmbare Verbindungen überführt. Deshalb ist die Zufuhr von löslichen Nitraten oder Ammoniumverbindungen erforderlich.
Besonders stickstoffarm sind mineralische Böden. Von daher sollte man bei der Stickstoffversorgung der Kakteen immer sparsam sein. Sie wachsen in ihrer Heimat fast ausnahmslos in Verwitterungsböden mit sehr geringem Stickstoffgehalt. Über die spezielle Stickstoffdüngung wird der Stoffaufbau und das vegetative Wachstum gefördert. Mit steigenden Stickstoffgaben werden in der Pflanzenzelle durch erhöhte Eiweißsynthese der Zucker- und Fettgehalt reduziert. Das hat zum Beispiel eine Abnahme der Kälterestistenz zur Folge. Deshalb sind Stickstoffgaben im Herbst bei Kakteen zu unterlassen.

Phosphor

Während Stickstoff das vegetative Wachstum fördert, wirkt Phosphor vor allem auf die generative Entwicklung der Pflanzen. Phosphorverbindungen sind in besonderer Weise für den Stoffwechsel der Pflanze und die Energieübertragung wichtig. Die Düngung mit Phosphaten bewirkt eine reiche Blüten- und Fruchtbildung. Eine besonders intensive Blütenausfärbung kann auf Phosphorgaben zurückzuführen sein. Die meisten im Boden vorhandenen Phosphorverbindungen sind wasserunlöslich und können von den Pflanzen nicht aufgenommen werden. Auch durch Düngung zugeführter Phosphor wird schnell festgelegt, besonders bei niedrigen pH-Werten. Die beste Verfügbarkeit liegt bei einem pH-Wert um 6 vor.

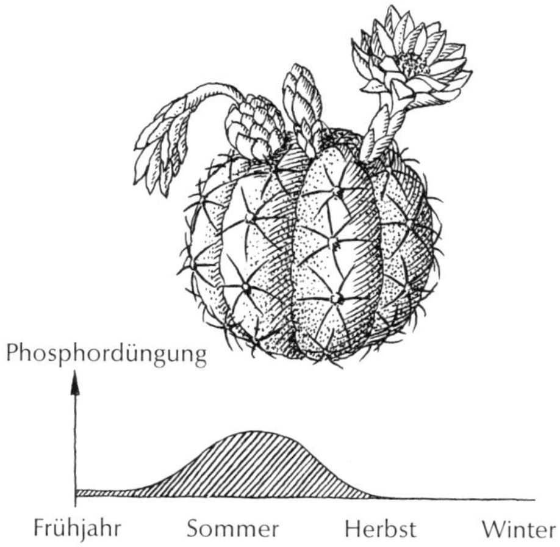

Kalium

Eine gute Kaliumversorgung wirkt sich positiv auf die Festigkeit des Zellaufbaus aus. Sie ist wichtig für die Atmung und die Photosynthese. Besonders im Herbst ist bei Kakteen eine Kalidüngung angebracht, dadurch wird die Kälteempfindlichkeit herabgesetzt. Auch die Resistenz gegenüber Krankheiten wird verbessert.

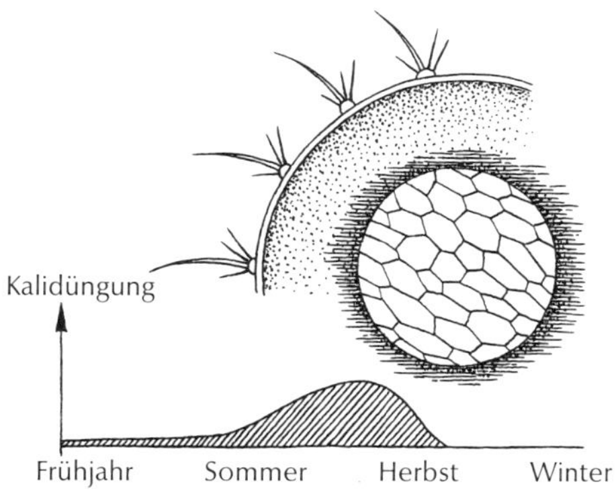

Gute Versorgung bewirkt feste Pflanzenzellen

Calcium

Calcium ist in erster Linie in Form von Kalk für den Boden und die Bereitung von gärtnerischen Erden wichtig. Kalk bindet pflanzenschädliche Säuren, fördert das Leben der Mikroorganismen und schließt Nährstoffe auf. Aber auch innerhalb der Pflanze hat Calcium spezifische Wirkungen. Pflanzenschädliche organische Säuren werden durch Bindung an Calcium in schwerlösliche Salze überführt und entgiftet. Calcium reguliert den Quellungszustand des

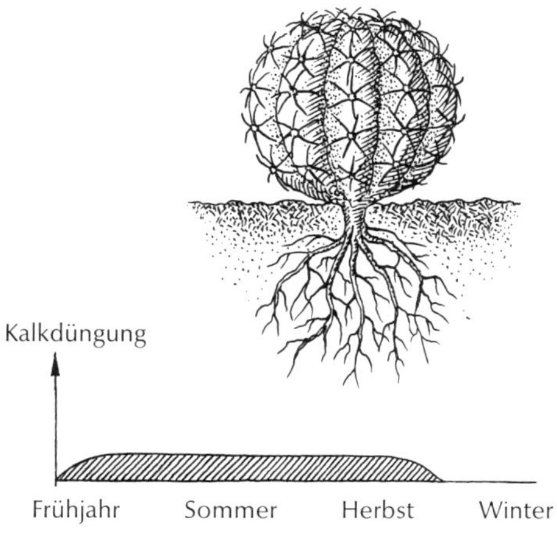

Für Boden und Pflanzen wichtiger Nährstoff

Zur Gesunderhaltung der Wurzeln

Für jeden Kaktus die richtige Erde

Plasmas und wirkt positiv auf das Wurzelwachstum. Die Zuführung von Kalk ist bei stark sauren Böden oder Erden (Torf) notwendig, um den pH-Wert auf den gewünschten Stand zu bringen. Calcium ist normal in ausreichenden Mengen im Boden vorhanden bzw. wird mit dem Gießwasser zugeführt.

Kalkablagerungen

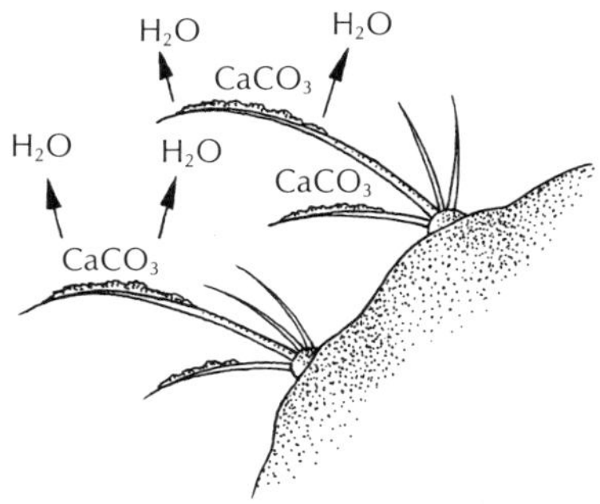

Kalkablagerung auf den Dornen durch hartes Gießwasser

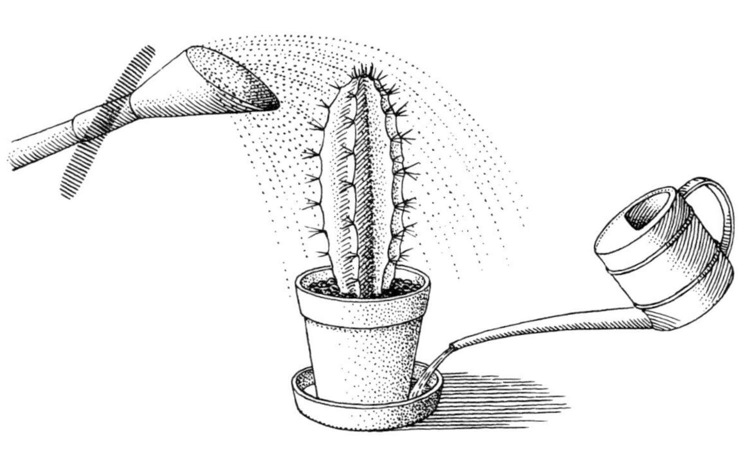

Wasserzufuhr von unten

Die nachteilige Wirkung gelösten Kalks im Gießwasser auf Kakteen äußert sich neben der unerwünschten Verschiebung des pH-Wertes nach oben, d. h. über 7, auch in sichtbaren Ablagerungen auf dem Pflanzenkörper und den Dornen. Nach dem Überbrausen verdunstet die Feuchtigkeit auf der Pflanzenoberfläche und der gelöste Kalk bleibt zurück. Bei ständiger Wiederholung dieses Vorgangs werden schließlich die Feinstruktur der Dornen und die lebenswichtigen Spaltöffnungen des Pflanzenkörpers durch Kalkablagerungen versetzt und verkrustet. Werden die Kakteen mit Wasser von unten angestaut, sind die Ablagerungen wesentlich geringer. Allerdings bleibt die nachteilige Auswirkung auf die Erde erhalten.

Von den Spurenelementen werden Magnesium und Eisen am meisten aufgenommen. Sie sind Bestandteile des Blattgrüns und wirken bei der Assimilation sowie bei der Samenbildung mit. Die geringen Mengen, die die Pflanzen von diesen und anderen Spurenelementen benötigen, sind meistens ausreichend in der Erde enthalten. Es kann

Mikronährstoffe

Mangelerscheinungen sind oft durch ungünstigen pH-Wert bedingt

jedoch vorkommen, daß durch einen ungünstigen pH-Wert ein Spurenelement festgelegt wird und dann von den Pflanzen nicht mehr aufgenommen werden kann. So kommt es vor, daß Mangel an Eisen entsteht, weil dieser Mikronährstoff durch einen zu niedrigen pH-Wert in unlösliche Verbindungen überführt wird. Die Nachdüngung mit entsprechenden Präparaten ist leicht möglich. Mangelerscheinungen durch fehlende Spurenelemente sind genau wie die durch fehlende Hauptnährstoffe bei den Kakteen erst sehr spät und auch nur schwer zu erkennen. Deshalb ist es auf jeden Fall günstiger, den pH-Wert in regelmäßigen Abständen zu kontrollieren und auf dem angestrebten Stand zu halten.

1. Jahr Topfen — 2. Jahr — 3. Jahr Nachdüngen

Geringer Nährstoffbedarf

Kakteen sind sehr genügsam. Im Vergleich zu anderen Topfpflanzen ist ihr Zuwachs sehr gering. Entsprechend sparsam ist auch ihre Nährstoffaufnahme. Nach dem Eintopfen in ein frisches Substrat, wird der Nährstoffvorrat für die nächsten zwei bis drei Jahre ausreichen. Allerdings sind unter Umständen auch Nährstoffverluste, z. B. durch Auswaschung zu berücksichtigen. Besonders die Stickstoffdünger sind leicht löslich und können, wenn die Pflanzen im Freien stehen, bei lang anhaltendem Regen ausgespült werden. Durch hartes, kalkhaltiges Gießwasser werden Dünger festgelegt. Sie sind zwar noch im Boden vorhanden, können aber von Pflanzen nicht aufge-

Auswaschung der Nährstoffe

Stickstoffverluste durch zu reichliche Wassergaben

Für jeden Kaktus die richtige Erde

▷ *Aporocactus* entwickelt hängend eine reiche Blütenpracht

Erstes Nachdüngen etwa zwei Jahre nach Umtopfen

Spezialdünger für Kakteen

Richtiger Zeitpunkt zum Düngen

Nur Pflanzen mit gesunden Wurzeln düngen

Nie bei intensivem Sonnenschein düngen

nommen werden, weil sie sich nicht mehr im Bodenwasser lösen lassen. Weil Mangelerscheinungen bei Kakteen nur schwer zu erkennen sind, sollte man vorsorglich zwei bis drei Jahre nach dem Umtopfen mit dem Nachdüngen mit Kakteenspezialdünger beginnen. Solche Spezialdünger haben einen verhältnismäßig geringen Stickstoff- und einen hohen Kaliumgehalt. Ein günstiges Verhältnis der Hauptnährstoffe N:P:K wäre zum Beispiel 4:6:12. Diese Zahlen geben den Reinnährstoff je 100 g Dünger an.

Gedüngt wird nur zu Beginn der Wachstumszeit, also in den Monaten April, Mai und Juni. Man sollte unbedingt beherzigen, daß nur gut im Trieb befindliche Kakteen den Dünger aufnehmen und auch verwerten können. Besonderes Augenmerk gilt beim Düngen dem Zustand der Wurzeln. Sind sie nicht voll funktionsfähig, richtet man mit der Düngung eher Schaden als Nutzen an. Auch kränkliche Pflanzen werden durch Düngung nicht gesund, es sei denn, sie leiden an akutem Nährstoffmangel in der Erde. Das dürfte aber in den seltensten Fällen die Ursache für fehlenden Zuwachs sein. Weit häufiger sind Schäden an den Wurzeln und dadurch verursacht, Störungen in der Nährstoffaufnahme.

Das Düngen sollte möglichst bei trübem Wetter, keinesfalls aber bei intensiver Sonneneinstrahlung vorgenommen werden. Düngesalze werden im

Gießwasser gelöst ausgebracht, 1 bis maximal 3 g Dünger kann man je Liter Wasser auflösen. Das entspricht einer Konzentration von 0,1 bis 0,3 %. Bei höheren Konzentrationen besteht die Gefahr, daß Verbrennungen an den Pflanzen auftreten. Allgemein kann man Verbrennungen verhindern, wenn die Kakteen nach dem Düngen mit klarem Wasser überbraust werden.

Düngerlösung soll geringe Konzentration haben

Maximal 3 g Dünger/l Wasser verwenden

Bestimmung des Nährstoffgehaltes der Erde

In größeren Kakteensammlungen lohnt es sich, die Erde auf ihren Nährstoffgehalt untersuchen zu lassen oder auch selbst zu untersuchen. Im Untersuchungsergebnis erhält man die verfügbaren Pflanzennährstoffe in mg je 100 g lufttrockener Erde. Anzustreben sind Werte für

Stickstoff zwischen 50 und 100 mg,
Phosphor um 250 mg,
Kalium zwischen 300 und 600 mg.

Ergibt die Bodenanalyse niedrigere Werte, muß nachgedüngt werden. Bei einmaliger Nachdüngung mit einer 0,3 %igen Düngerlösung (Nährstoffverhältnis N:P:K = 4:6:12) erhöht sich die verfügbare Nährstoffmenge

bei Stickstoff um 3 mg,
bei Phosphor um 5 mg und
bei Kalium um 10 mg je l Erde.

Unabhängig von allen Untersuchungen ist zum Beispiel anzuraten, während des Knospenansatzes eine verstärkte Phosphordüngung zu verabreichen. Im Herbst wird dagegen eine Kaliumdüngung empfohlen, um die Zellen zu festigen und die Kälteresistenz zu fördern.

Richtwerte für pflanzenverfügbare Nährstoffe

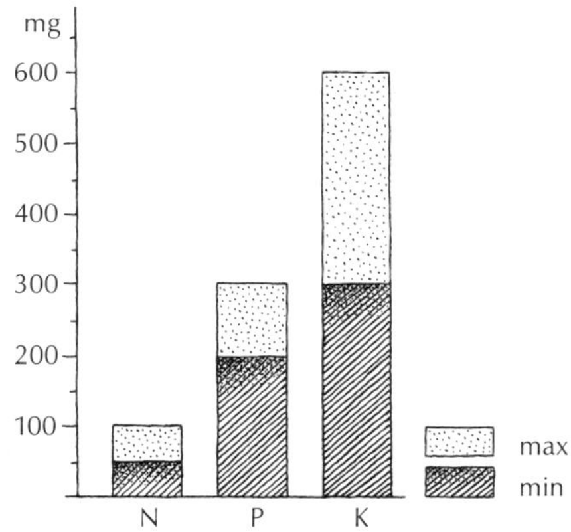

Anzustrebender Nährstoffgehalt in der Kakteenerde in mg/100 g Boden

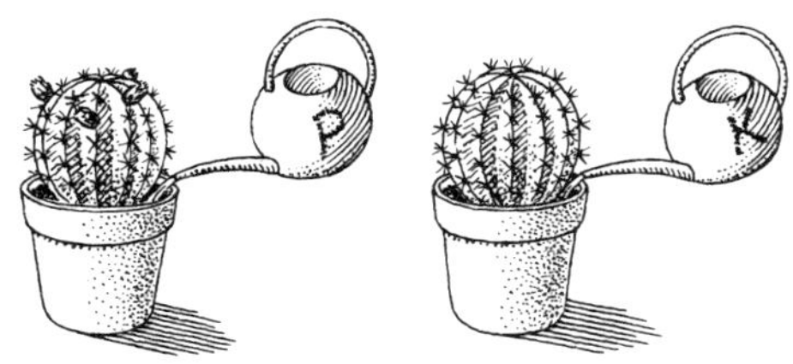

◁ Farbige Dornenpracht *Ferocactus stainesii*

Gesunde und kranke Kakteen

Gesunde Kakteen durch optimale Lebensbedingungen
Seite 93

Erkennen und Bekämpfen
Seite 95

Durch falsche Kultur verweichlicht, werden Kakteen leicht von allerlei Krankheiten und Schädlingen befallen, die dem Kakteenleben früher oder später ein Ende bereiten können. Deshalb ist die Schaffung günstiger Lebensbedingungen die wichtigste Voraussetzung für gesunde Kakteen. Auch hier gilt, vorbeugen ist besser als heilen.
Haben sich doch unbemerkt Schädlinge an den Kakteen festgesetzt, kommt es darauf an, sie sobald als möglich zu erkennen, um gezielt die Bekämpfung einleiten zu können. Schädlinge an der Wurzel werden oft nicht bemerkt. Bei Wachstumsstockungen ist eine genaue Inspektion der Wurzel immer angebracht. Wurzelnematoden lassen sich nicht ganz leicht feststellen, dagegen erkennt man Wurzelläuse relativ einfach. Fusarium ist ein bodenbürtiger Schadpilz, der über die Wurzel ins Pflanzeninnere gelangt.
Der hohe Wassergehalt des Speichergewebes birgt immer die Gefahr des Befalls durch Fäulniserreger. Verschiedene Schadpilze können Kakteen befallen. An den unterschiedlichen Schadbildern kann man die Verursacher erkennen. Zur erfolgreichen Bekämpfung sind nicht in erster Linie chemische Mittel einzusetzen, viel wichtiger ist es, die natürlichen Abwehrkräfte der Pflanze durch entsprechende Kulturmethoden zu fördern.

Gesunde Kakteen durch optimale Lebensbedingungen

Gesunde Kakteen durch optimale Lebensbedingungen

Ein sonniger Standplatz ist für Kakteen die wichtigste Voraussetzung für gesundes Wachstum. Fehlendes Licht bei viel Feuchtigkeit und Wärme führt zu unnatürlich gestreckten Pflanzen, der Gärtner bezeichnet das als Geilwuchs. Knapp bemessene Kalium- und reichliche Stickstoffdüngung, Feuchtigkeit und Wärme haben rasche Wasseraufnahme zur Folge, das Volumen vergrößert sich sehr schnell. Unter Bedingungen, wie man sie nur im Gewächshaus ermöglichen kann, erreichen die Kakteen einen maximalen Zuwachs. Derart kultivierte Pflanzen haben nur schwach gefestigte Zellen und bilden kaum Abwehrkräfte aus. Es ist sehr schwierig, solche Pflanzen in normal mögliche Bedingungen einzugewöhnen. Nicht selten erliegen sie schon in der Übergangsphase dem Befallsdruck eines Schaderregers. Leider wird durch solche »Kulturmethoden« die Freude an der Kakteenpflege stark geschmälert, und manchmal sind die betroffenen Pflanzen trotz intensiver Bemühungen nicht zu retten.

An Sonnenlicht und frische Luft gewöhnte, nicht übermäßig mit Stickstoff gedüngte Kakteen, denen man nach dem Gießen immer wieder Zeiten der Trockenheit zur Festigung der neu gebildeten Zellen einräumte, werden nur relativ selten von Krankheiten oder Schädlingen befallen. Von entschei-

Lichtmangel läßt Kakteen vergeilen

Kakteen lieben viel Licht

Ausreichende Kaliumdüngung und wenig Stickstoff

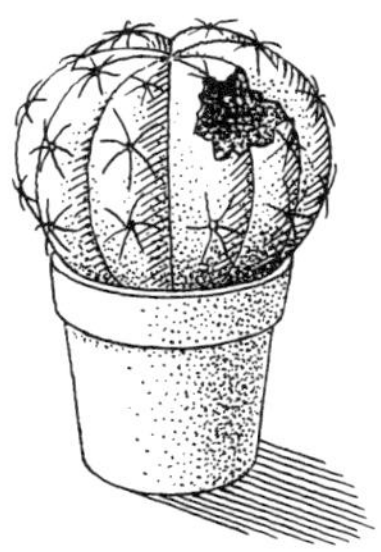

Stark gedüngte Kakteen werden schneller krank

Im Sonnenlicht abgehärtete Kakteen trotzen Schädlingen und Krankheiten

Umweltfaktoren beeinflussen den Gesundheitszustand

Gesunde und kranke Kakteen

Richtige Vorbereitung auf Überwinterung

dender Bedeutung nicht nur für die Überwinterung an sich, sondern vor allem für den allgemeinen Gesundheitszustand während der lichtarmen Jahreszeit ist die optimale Vorbereitung der Kakteen. Bereits rechtzeitig im Herbst muß die Wasserzufuhr eingestellt werden, um die Ruhephase einzuleiten. Das während der vorausgegangenen Vegetationsperiode gebildete Zellgewebe muß ausreifen und für die Überwinterung gefestigt sein. Zum Abhärten gehören viel frische Luft und die nächtliche Abkühlung.

Keine Zugluft!

Am Winterstandort müssen die Kakteen vor Zugluft geschützt stehen. Nicht selten beobachtet man in zugigen Ecken den ersten Schädlingsbefall, der sich dann sehr schnell auch auf benachbarte Kakteen ausbreitet. Nach Ablauf des Winters muß man Kakteen erst allmählich wieder an das Sonnenlicht gewöhnen. Der Vegetationsbeginn zeigt sich am Neutrieb im Scheitel. Hier und dort wird ein neues Dornenpolster sichtbar und bei einigen Arten auch schon die erste Knospe.

Nach der Winterruhe vorsichtig gießen!

Das sind auch die Zeichen, vorsichtig wieder mit dem Gießen zu beginnen. Zu plötzliche Wasserzufuhr, eventuell noch bei schöner warmer Frühlingssonne, läßt die Zellen übermäßig quellen. Ein Platzen der Oberhaut kann die Folge sein. Damit wird der direkte Weg für fäulniserregende Pilzsporen und Bakterien bis in das Pflanzeninnere frei. Die Behandlung mit Holzkohlestaub schützt die Wunde vor Infektion.

Plötzliche, zu reiche Wasseraufnahme kann zum Aufplatzen des Pflanzenkörpers führen

Erkennen und Bekämpfen

Das Geheimrezept für schöne gesunde Kakteen heißt: Viel Licht und Luft, sparsame Düngung und angemessene Feuchtigkeit zur rechten Zeit.

Erkennen und Bekämpfen

Schädlinge im Wurzelbereich
Ein immer geringer werdender Zuwachs bei älteren, meist in Grundbeeten ausgepflanzten Kakteen gibt gelegentlich Rätsel über die Ursachen auf. In schlimmen Fällen treten Nährstoff- und Wassermangel bei den Pflanzen auf, obgleich sie vom Boden her mit beidem gut versorgt erscheinen. Diese Symptome sind dringender Anlaß, die Wurzeln auf ihre Funktion zu untersuchen. Findet man krebsartige, blasen- oder knollenförmige Wurzelmißbildungen, die inzwischen spröde und modrig wurden, sind wahrscheinlich Wurzelnematoden oder auch Älchen genannt, am Werk. Sie schädigen die Pflanze von der Wurzel her.

Von den vielen verschiedenen Nematoden kommen die freilebenden Kakteenzystenälchen und die Wurzelgallälchen als Schädlinge bei Kakteen in Betracht. Die Zysten der Zystenälchen erreichen eine Größe von 0,5 mm. Mit einer guten Lupe oder unter dem Mikroskop sind sie erkennbar. Sie haben die Form einer Zitrone, sind jedoch erdbraun und von daher nicht so leicht zu entdecken. Im Schutze ihrer ledrigen Haut schlüpfen in der Zyste Lar-

Bleibt der Neutrieb aus, sollte man die Wurzeln inspizieren

Wurzelnematoden

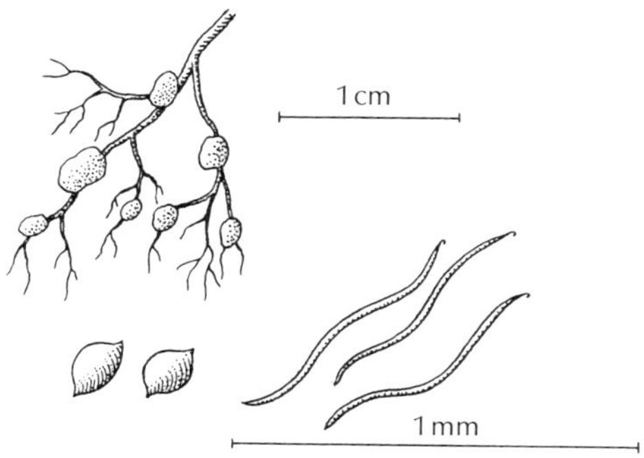

Gallenbildung an den Wurzeln
Die erdfarbenen Zysten und die freibeweglichen Älchen sind nur unter der Lupe oder dem Mikroskop erkennbar

Symptome:
- **Wachstumsstockung**
- **gallenartige Verdickungen an den Wurzeln**
- **Zerfall der Wurzeln**
- **Totalverlust der Pflanze**

Gesunde und kranke Kakteen

ven, die später frei beweglich sind, sich in die Kakteenwurzeln bohren und dort zu geschlechtsreifen Fadenwürmern heranwachsen. Durch deren Ausscheidungen werden die Wurzeln zur Bildung der oben beschriebenen Wucherungen angeregt.

Sekundärbefall

Die Fraßgänge und Wurzelgallen sind Eintrittsstellen für pilzliche und bakterielle Infektionen, die in der Folge meistens schwerwiegender sind als die primäre Schädigung durch die Nematoden.

Bekämpfung

Bei älteren Pflanzen hilft manchmal eine Heißwassertherapie – Kaktus 10 Minuten lang bis kurz über Wurzelhals in genau 52°C warmes Wasser stellen

Mit Nematoden verseuchte Kakteen sollten abgeschnitten und neu bewurzelt werden. Der befallene Wurzelballen gehört in den Müll!

Die chemische Bekämpfung der Älchen ist nur mit hochgiftigen Mitteln möglich und deshalb für den Kakteenfreund in der Wohnung nicht durchführbar. Hat man eindeutig Nematodenbefall festgestellt, wird man kleinere Pflanzen knapp über der Wurzel abschneiden. Der verbleibende Kopf ist als Steckling zu behandeln oder zu pfropfen. Infizierte Wurzeln und Erde gehören keinesfalls auf den Kompost, sondern in den Müll. Auch der Topf darf erst nach gründlicher Desinfektion wieder verwendet werden.

Bei Gemeinschaftspflanzungen alle Pflanzen kontrollieren

War die befallene Pflanze gemeinsam mit anderen Kakteen ausgepflanzt, sind alle anderen Pflanzen ebenfalls auf einen eventuellen Befall zu untersuchen. Die Erde ist, soweit die Wurzeln reichen, abzutragen und durch neue, möglichst gedämpfte Erde zu ersetzen. Alle Wand- und Bodenflächen des Pflanzgefäßes sowie dessen Stellplatz sind vor dem Einfüllen der neuen Erde gründlich zu desinfizieren.

Pflanzgefäße vor der Wiederverwendung gründlich reinigen und desinfizieren

Erkennen und Bekämpfen

Dem Befall kann man durch Maßnahmen der Pflanzenhygiene vorbeugen. Neu in die Sammlung aufzunehmende Pflanzen werden vor ihrer endgültigen Eingliederung auch an den Wurzeln auf ihren Gesundheitszustand überprüft. Bei Befallsverdacht sind solche Kakteen sofort zu isolieren. Auch die Einhaltung der Abtrocknungsperioden zwischen den fälligen Wassergaben sorgt für gesunde, widerstandsfähige Wurzeln.

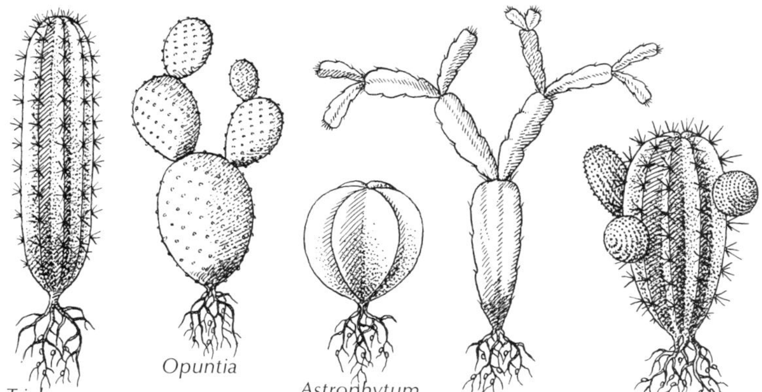

Diese Gattungen werden bevorzugt von Nematoden befallen

Findet man nach dem Austopfen an den Wurzeln 1 mm große weiße Wollpusteln, handelt es sich hierbei um Wachsausscheidungen von Wurzelläusen. Bei starkem Befall kann der gesamte Ballen weiß durchsetzt sein. Im Anfangsstadium ist nur der Bereich zwischen Topfwand und Ballen besiedelt. Besonders während der winterlichen Trockenruhe können sich Wurzelläuse stark ausbreiten.
Oft wird der Befall schon an den Wurzeln entdeckt, die durch das Abzugsloch gewachsen sind, wenn man die Pflanzen umstellt.
Wurzelläuse saugen an den feinen Wurzelhaaren, also an den Pflanzenorganen, die unmittelbar die Wasser- und Nährstoffaufnahme bewerkstelligen. Bei starkem Befall kann es bis zum totalen Ausfall dieser Funktion kommen. Die Pflanzen treiben dann nicht und sehen welk aus. Eine solche Gefahr entsteht, wenn der Befall sich unerkannt ausbreitet und es zur Massenvermehrung kommt.

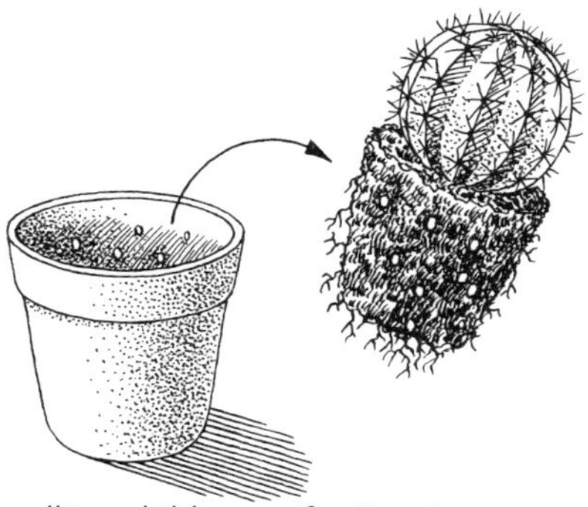

Wurzelläuse bilden weiße Gespinste

Wurzelläuse

Symptome:
- **Wachstumsstockungen**
- **scheinbarer Wasser- oder Nährstoffmangel (trotz ausreichender Versorgung)**
- **weiße Wollpusteln an Wurzeln**

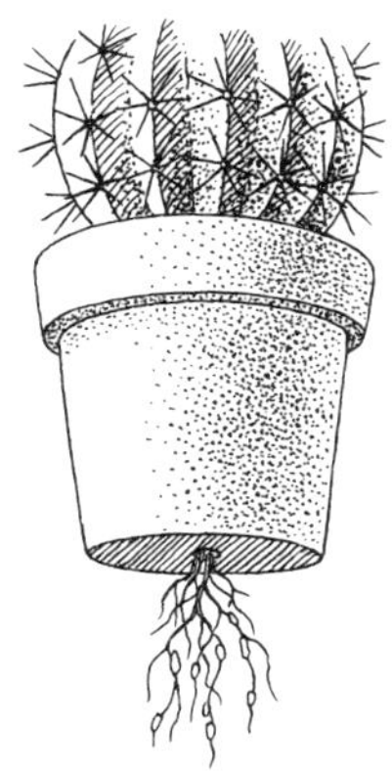

Zuerst sieht man sie an den durchgewachsenen Wurzeln

Gesunde und kranke Kakteen

Bekämpfung von Wurzelläusen

Insektizid + Geschirrspülmittel (Netzmittel) gießen

Etwas Geschirrspülmittel unterstützt die chemische Bekämpfung

Bei starkem Befall in Insektizid + Netzmittel baden

Bei starkem Befall werden die Wurzeln in Insektizidlösung ausgewaschen

Nach solcher »Kur« Kakteen noch einige Zeit beobachten!

Mit der Bekämpfung der Wurzelläuse kann es zu ähnlichen Problemen kommen, wie bei den Nematoden. Einfaches Gießen mit Insektiziden bringt meistens nicht den gewünschten Erfolg. An den Wachsausscheidungen perlt das Wasser mit dem Wirkstoff erfolglos ab. Günstiger ist es, den Wurzelballen vorher anzufeuchten. Der ordnungsgemäß angesetzten Insektizidlösung setzt man einige Tropfen Geschirrspülmittel zu, um das Benetzungsvermögen zu verbessern.

Bei sehr starkem Befall ist es am günstigsten, die Kakteen auszutopfen, den Ballen aufzulockern und die anhaftende Erde mit den Schädlingen zu entfernen. Danach badet man die Wurzeln in der mit Netzmittel versetzten Insektizidlösung. Da die ausgewachsenen Wurzelläuse sich kaum bewegen, wird man den Erfolg der Behandlung erst nach mehreren Tagen feststellen können, wenn die Schädlinge eingetrocknet sind.

So aufwendig diese Pflanzenschutzmaßnahme auch ist, man bekämpft mit ihr nur die Larven. Deshalb muß die Prozedur unbedingt nach etwa drei Wochen, wenn die noch lebenden Eistadien geschlüpft sind, wiederholt werden. In der Zwischenzeit lagert man die Kakteen schattig, bei 18 bis 25°C. Nach den Behandlungen werden die Pflanzen wieder getopft. Mit dem Gießen sollte man mindestens 14 Tage warten, bis sich neue Saugwurzeln gebildet haben und alle Wunden verheilt sind.

Fusarium ist ein pilzlicher Krankheitserreger

Speziell bei Weihnachtskakteen *(Schlumbergera)* und Osterkakteen *(Rhipsalidopsis)* beobachtet man gelegentlich ein ähnliches Erscheinungsbild wie beim Befall mit Wurzelläusen. Ohne ersichtlichen Grund werden plötzlich zunächst die jüngsten Blattglieder schlaff, welken und fallen später ab. Trotz feuchter Erde erwecken diese Pflanzen den Eindruck, als habe man sie beim Gießen vergessen. Bei genauerer Untersuchung zeigen diese Kakteen am Stammgrund bräunliche, vermorschte Faulstellen.
Unter der Lupe erkennt man weißlichen oder rosafarbenen Schimmel mit rötlich- bis lachsfarbenen Sporenlager von *Fusarium*. Schneidet man die befallene Pflanze an dieser Stelle durch, zeigt sich, daß die für den Safttransport zuständigen Leitbündel rötlich gefärbt und stark in Mitleidenschaft gezogen sind. Der Wasser- und Nährstofftransport ist durch derart »verstopfte« Leitgefäße nicht mehr möglich. Systematisch »vertrocknen« solche kranken Pflanzen vom Scheitel oder von den jungen Blättern her. *Fusarium* wird hauptsächlich durch Sporen im Topfsubstrat übertragen.

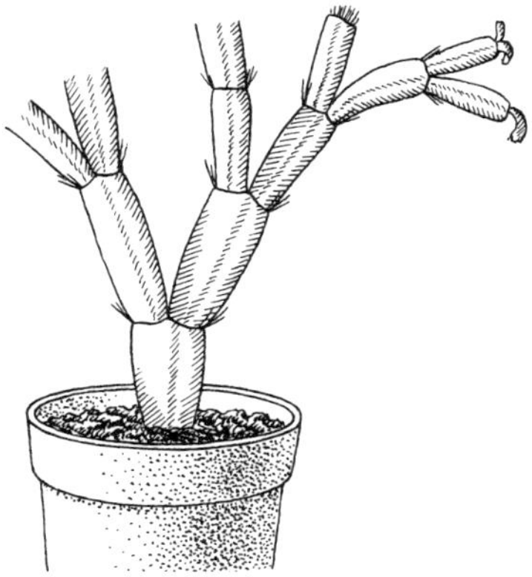

Welken und Abfallen der Endglieder können die Folge von *Fusarium* sein

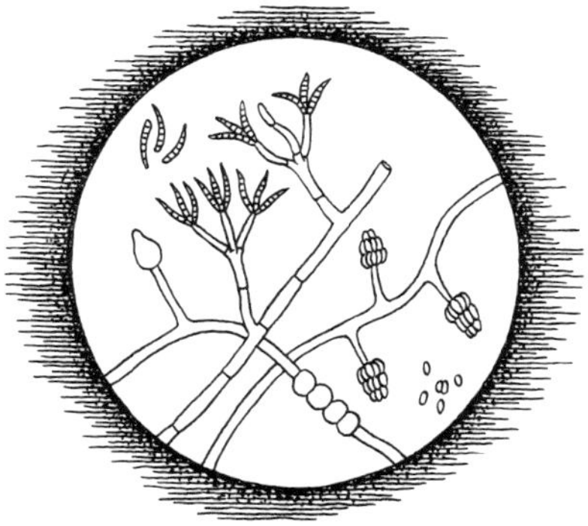

Fusarium unter dem Mikroskop

Bekämpfung

Radikale Vernichtung befallener Pflanzen mit Erde und Topf wirkt der weiteren Ausbreitung des Befalls entgegen. Vorbeugend sollte bei derart gefährdeten Gattungen gedämpfte Erde zum Topfen verwendet werden. Staunässe und hohe Luftfeuchtigkeit müssen vermieden werden. Bei Befallsgefahr

Braun gefärbte Leitbündel und Sporenlager an der Pflanzenbasis

Gesunde und kranke Kakteen

empfiehlt es sich, vorbeugend alle 10 Tage mit Fungiziden zu spritzen.

Pilzinfektionen

Fäulnis am Pflanzenkörper
Bei dem hohen Wassergehalt eines Kakteenkörpers ist die Gefahr der Fäulnis, die durch Pilze verursacht wird, immer gegeben. Solche Pilze bestehen in der Regel aus feinen, meist gegliederten und stark verzweigten, farblosen Fäden, dem Myzel. Es breitet sich auf der befallenen Pflanze rasch aus. Hat das Myzel eine bestimmte Entwicklungsstufe erreicht, bildet es Fortpflanzungszellen, die Sporen, aus. Häufig werden zusätzlich besonders haltbare Dauersporen gebildet, die unter anderem auch die Überwinterung absichern können. Sie werden durch die Luftbewegung, das Gießwasser, aber auch über Arbeitsgeräte, Pflanzgefäße, nicht ordnungsgemäß aufbereiteten Kompost oder durch Schädlinge, wie z. B. Kellerasseln, übertragen.

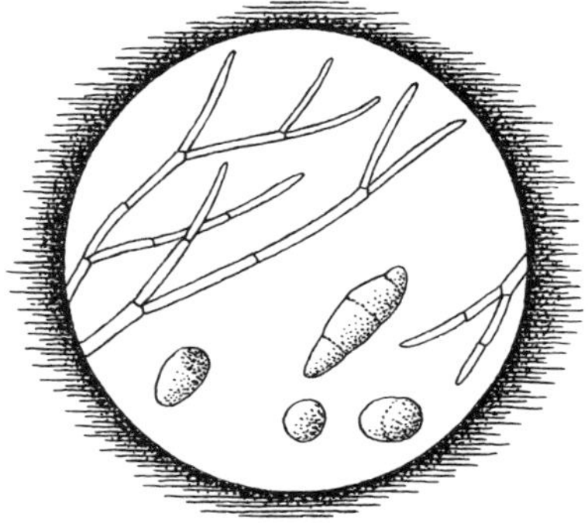

Pilzmyzel und Sporen unter dem Mikroskop

Erneutes Keimen der Pilzsporen

Unter feuchtwarmen Bedingungen keimen die Sporen wieder aus und bilden ein neues Pilzmyzel. Verletzungen der Oberhaut (Fraßstellen) oder die Spaltöffnungen sind oft Eintrittsstellen der Pilze in das Pflanzeninnere. Die Schadbilder der verschiedenen Pilze können recht unterschiedlich sein.

***Phytophthora*-Symptome**

Algenpilze der Gattung *Phytophthora* verursachen die Stammgrundfäule. Die befallenen Pflanzen faulen vom Stammgrund her. Die Sporen werden meistens durch das Substrat übertragen. Das Pilzmyzel dringt in das Pflan-

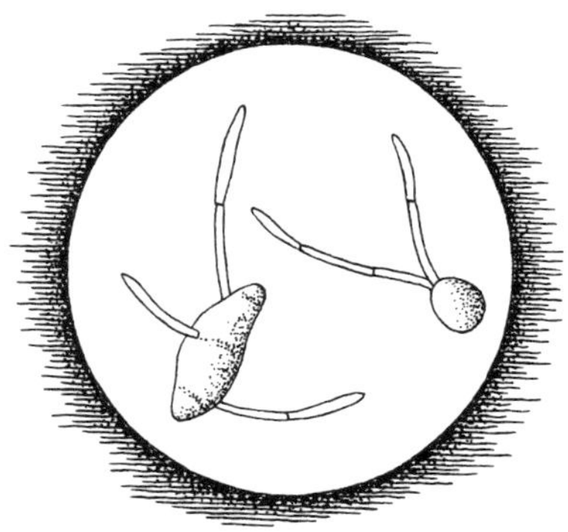

Auskeimende Sporen unter dem Mikroskop

zeninnere ein und löst die Zellwände auf. Betroffene Zellen laufen in einen braunen Brei zusammen, wobei der typische Geruch nach fauligen Kartoffeln auftritt, die von der gleichen Pilzgattung befallen werden. Um eine weitere Ausbreitung der Erkrankung zu vermeiden, sind die allgemeinen Hinweise zur Bekämpfung von Pilzkrankheiten zu beachten. Besonders wichtig ist die Hygiene bei der Erde. Es muß ausgeschlossen werden, daß befallene Pflanzen oder auch nur Sporen auf den Kompost oder in das Pflanzsubstrat gelangen und so erneut gesunde Kakteen infizieren können.

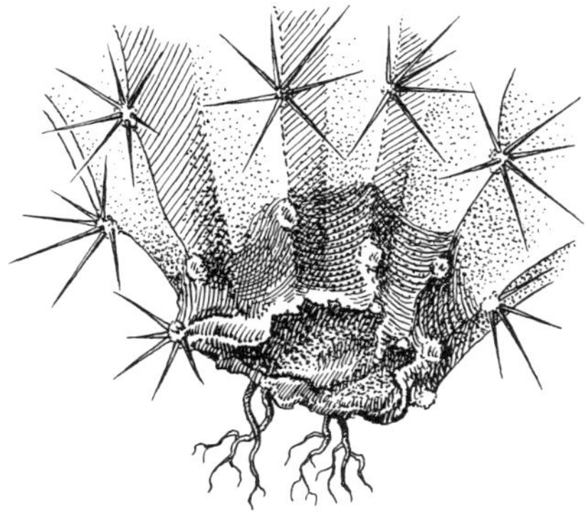

Stammgrundfäule *Phytophthora*

Allgemeine Hinweise zur Bekämpfung von Pilzkrankheiten **→ S. 102 f.**

Bekämpfung der Stammgrundfäule im Anfangsstadium

An Stammgrundfäule erkrankte Pflanzen kann man im Anfangsstadium der Krankheit retten. Der obere Teil wird abgeschnitten und als Steckling behandelt oder gepfropft. Wichtig ist, daß auch das Pflanzeninnere an der Schnittstelle gesund ist und keine Verfärbung zeigt. Ist es schon vom Pilz ergriffen und an den Leitbündeln bräunlich verfärbt, schneidet man einige cm höher erneut. Vorher muß man das Messer unbedingt desinfizieren. Dazu zieht man das Messer durch einen mit Spiritus getränkten Lappen.

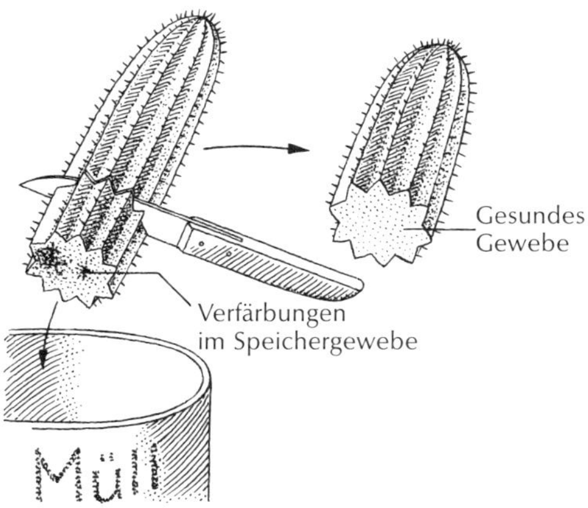

Fäulniskranke Kakteen bis ins gesunde Fleisch zurückschneiden

Helminthosporium

Eine weitere Stammgrundfäule wird durch *Helminthosporium* verursacht. Am Stammgrund oder im Neutrieb des Kaktus entstehen zunächst glasige Faulstellen, die sich ausweiten. Später bedecken sie sich mit einem schwarzen samtigen Belag aus massenhaft ge-

Gesunde und kranke Kakteen

bildeten Sporen. Nur wer an älteren Pflanzen den Befall rechtzeitig erkennt, hat die Chance, noch gesunde Teile der Kakteen durch Abschneiden und neues Bewurzeln zu retten. Verheerende Auswirkungen kann *Helminthosporium* in Aussaaten haben.

Weichfäule

Blütenreste werden leicht vom Schimmelpilz (*Botrytis*) befallen

Die Weichfäule wird durch den Schimmelpilz *Botrytis* hervorgerufen. An infizierten Pflanzen entstehen zunächst eingesunkene Faulstellen. Sie breiten sich rasch aus und befallen auch tieferliegende Gewebeschichten. Hohe Luftfeuchtigkeit, bedingt durch mangelnde Belüftung im Pflanzenbestand, begünstigt den Befall. Häufig besiedelt der Pilz primär noch feuchte Blütenreste, auf denen sich die später stäubenden, grauen Sporenlager entwickeln.

Allgemeine Regeln zur Vorbeugung gegen Pilzbefall

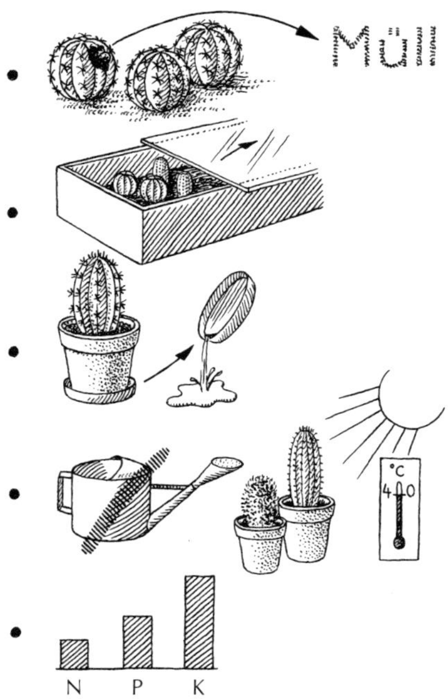

Vorbeugend gegen Pilzbefall hilft:
- befallene Pflanzen sofort aus dem Bestand entfernen
- reichlich lüften, um die Luftfeuchtigkeit herabzusetzen
- vermeiden von Staunässe (gegen bodenbürtige Pilze)
- nicht bei anhaltend hohen Temperaturen gießen
- gut ausgewogen düngen, wenig Stickstoff, reichlich Kalium und Calcium.

Wer diese kurzen Regeln beherzigt, kann vielen Befallsmöglichkeiten sehr gut vorbeugen. Besteht Infektionsgefahr oder sind infizierte Bestände zu behandeln, stehen spezielle Mittel gegen Schadpilze, sogenannte Fungizide, zur Verfügung. Bei ihrer Anwendung sollte klar sein, daß jedes Mittel, das gegen Pilze wirkt, auch höhere Pflanzen schädigen kann. Die meisten Fungizide hemmen oder blockieren nur bestimmte Entwicklungsvorgänge, z. B. das Auskeimen der Sporen. Bereits zerstörtes Gewebe kann durch Fungizidbehandlung nicht wieder geheilt werden. Die früher verwendeten hochgiftigen Schwermetallverbindungen sind heute nicht mehr zugelassen. Stattdessen wurden organische Verbindungen mit meist sehr spezifischer Wirkung entwickelt. Besonders wirksam sind solche Mittel, die von der Pflanze aufgenommen werden und dann von innen heraus wirken (systemisch wirkende Mittel).

Anwendungsvorschriften der Fungizide genau einhalten!

Erprobte Wirkstoffe zur Bekämpfung von Pilzerkrankungen bei Kakteen:

Schadpilz	Wirkstoff
Fusarium-Welke	Orthozid, Malipur
Phythophthora	Propanocarb
Helminthosporium	Mancoceb, Maneb, Zineb
Botrytis	Kinclozolin, Dichlofluanid
Pythium	Propanocarb

Flecken- und Schorfkrankheiten

Außer Fäulniserkrankungen gibt es noch eine Reihe von Flecken- und Schorfkrankheiten, die auf pilzliche Erreger zurückzuführen sind. Auch sie werden am besten durch reichliches Lüften, ausgewogene, stickstoffarme Düngung und Abhärten vor der Winterperiode bekämpft.

Schädlinge am Pflanzenkörper

Wolläuse

Häufig in Kakteensammlungen anzutreffende Schädlinge sind Wolläuse. An schwer zugänglichen Stellen zwischen den Rippen und Dornenpolstern siedeln sie sich an. Man erkennt ihre Anwesenheit an den weißen Wachsausscheidungen, mit denen sich die Muttertiere umgeben und unter deren Schutz die Larven aufwachsen.

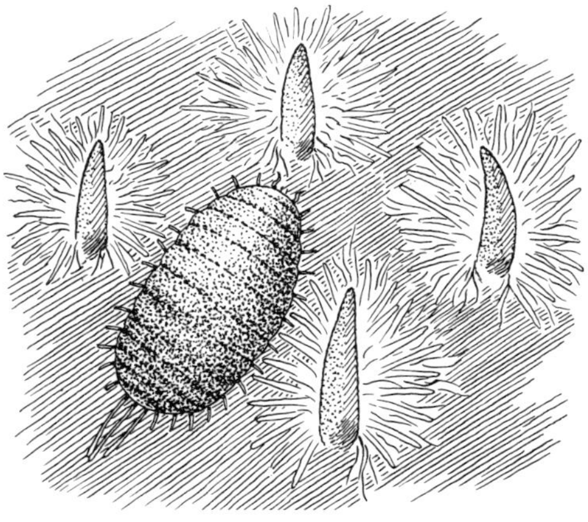

Schmier- oder Wollaus zwischen *Opuntia*-glochiden

Derartige »Wachspusteln« darf man nicht mit der von der Pflanze gebildeten Wolle in der Scheitelzone verwechseln, die dem Schutz der Blütenknospen dient. Besonders geschwächte, wenig abgehärtete Kakteen sind anfällig für Wolläuse. Werden sie nicht bekämpft, folgt eine rapide Ausbreitung. Stehen die Kakteen dazu noch sehr eng nebeneinander, wandern die winzig kleinen Larven von Pflanze zu Pflanze, ehe die geschlechtsreifen Tiere wieder seßhaft werden. Sie ernähren sich von Pflanzensaft und schädigen so die Kakteen.

Bekämpfung

Sind nur wenige Wolläuse zu bekämpfen, kann man sie mit Spiritus betupfen und abschließend mit klarem Wasser abspülen. Der Alkohol löst die Wachsschicht auf und tötet das Tier sofort. Diese Maßnahme ist solange zu wiederholen, bis keine Schädlinge mehr auftreten.

Bei stärkerem Befall wird der Einsatz chemischer Mittel nötig. Durch die Wachsausscheidungen perlen die Insektizide ab und erreichen die Schädlinge nicht. Der Wirkstoff sollte besser an eine Ölemulsion gekoppelt sein. Auch die biologische Bekämpfung mit speziellen Marienkäfern ist möglich.

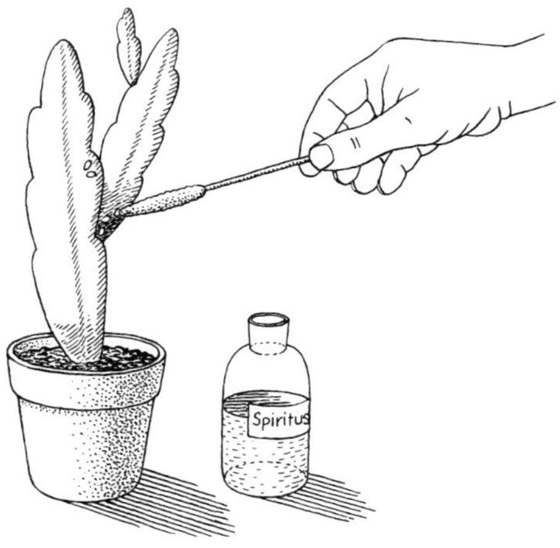

Betupfen mit Spiritus vernichtet den Schädling

Schildläuse

Nahe verwandt mit den Wolläusen sind die Schildläuse. Sie schützen sich und ihre Brut mit einem braunen gewölbten, rundlich bis ovalen Schild aus Chitin, der einen Durchmesser von 1 bis 3 mm erreichen kann. Hauptsächlich besiedeln sie den Neutrieb. Ähnlich den Wolläusen sind auch hier nur die frisch geschlüpften Larven beweglich. Die geschlechtsreifen Tiere saugen sich an der Wirtspflanze fest und bilden wieder einen Schild. Die nahe Verwandtschaft zu den Wolläusen zeigt sich in den gleichen Schwierigkeiten bei der Bekämpfung. Man kann die gleichen chemischen Mittel einsetzen.

Den Befall von Spinnmilben, auch »Rote Spinne« genannt, erkennt man häufig erst an den Schäden, die sie anrichten. Die nur 0,2 mm großen gelblich bis rötlichen Spinnmilben saugen die noch jungen Zellen im Scheitelbereich aus und zerstören das Chlorophyll. Die Pflanze bekommt dadurch ein fahles Aussehen. Später färben sich die betroffenen Bereiche braun. Durch die Schädigung des Chlorophylls wird der Stoffwechsel in Mitleidenschaft gezogen, die Pflanze stellt das Wachstum ein. Besonders bei trockener Luft vermehrt sich die Rote Spinne massenhaft. Über den Befallsherd ist ein feines Gespinst ausgebreitet.

Die einzelnen Kakteengattungen zeigen eine unterschiedliche Anfälligkeit gegenüber Spinnmilben. Häufig wandern die Schädlinge von anderen Wirtspflanzen in die Kakteensammlung ein. Zu den bekannten Wirtspflanzen zählen Pappeln, Linden, Bohnen und Gurken. Wenn solche Pflanzen in der näheren Umgebung der Kakteen wachsen, ist immer mit Befall durch Spinnmilben zu rechnen.

Schildlausbefall an *Opuntia*

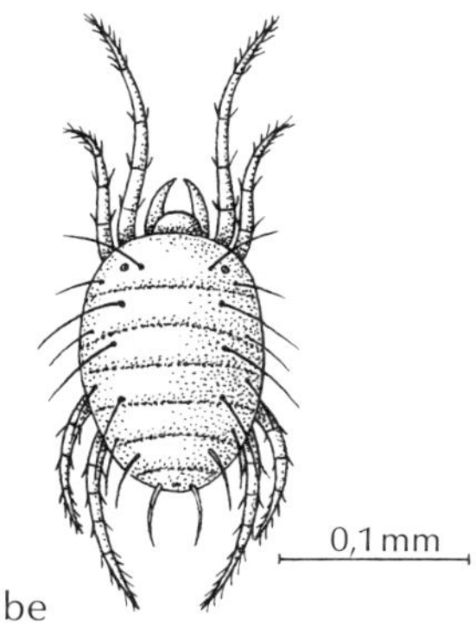

Spinnmilbe

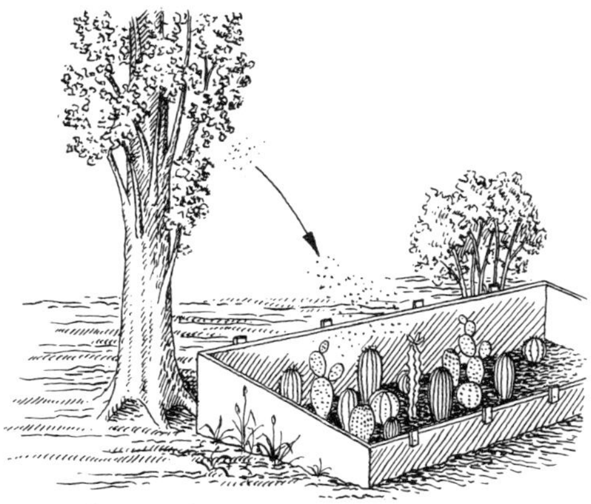
Wirtspflanzen für Spinnmilben sind Pappeln, Linden und Bohnen

Räuchermittel haben sich zur Bekämpfung gut bewährt

Anwendung nur im Gewächshaus

Spinnmilben befallen zuerst die Neutriebe

Bevorzugt befallen werden:
- ***Lobivia***
- ***Rebutia***
- ***Mediolobivia***
- ***Echinopsis***
- ***Seti-Echinopsis***
- **besonders *Chamaecereus***

Bekämpfung

Schwefeltopf im Einsatz gegen Spinnmilben

Im Gewächshaus kann man gegen Spinnmilben einen Schwefelverdampfer einsetzen. Das Gerät besteht aus einer Heizquelle und einem darüber befindlichen Gefäß, in dem Schwefelblüte geschmolzen wird. Geringe Mengen des Schwefels »verdunsten« und werden durch die Luftbewegung auch zu den befallenen Pflanzen befördert. Die Spinnmilben vertragen den Schwefel nicht und der Befall ebbt allmählich ab. In einer Zimmersammlung läßt sich der Schwefeltopf nicht einsetzen. Hier muß man spezielle chemische Spritzmittel, die sogenannten Akarizide, verwenden.

Krankheiten und Schädlinge an Aussaaten

Vermehrungspilze

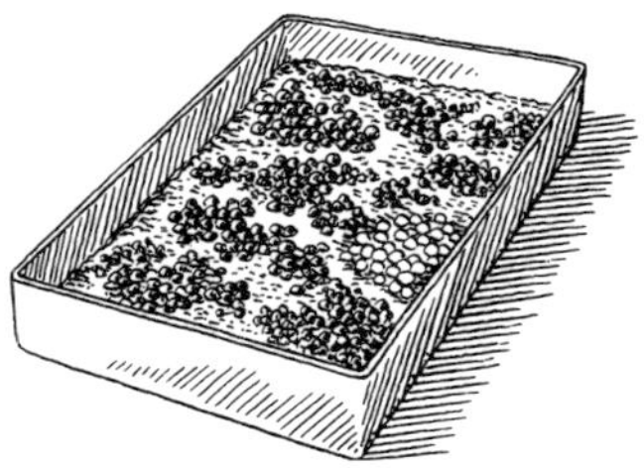

Durch Vermehrungspilze werden Kakteensämlinge glasig

Am häufigsten werden Aussaaten von den gefürchteten Vermehrungspilzen befallen. Als Schaderreger sind verschiedene *Pythium*- und *Rhizoctonia*-Arten bekannt. Sie kommen vorwiegend in feuchter, nur unvollständig verrotteter organischer Substanz vor. Die Sporen werden durch das Substrat, den Samen, selbst durch Aussaatgefäße und Arbeitsgeräte übertragen. Befallene Sämlinge werden glasig und fallen in sich zusammen. Das Aussaatsubstrat wird gleichzeitig oberflächlich von einem weißen, spinnwebartigen Myzel durchzogen, das sich kreisförmig ausbreitet. Binnen weniger Tage hat es gewöhnlich die gesamte Fläche überzogen und dabei alle Sämlinge vernichtet.

Symptome:
- **glasige Sämlinge**
- **weißes Myzel auf Substrat**

▷ *Mammillaria theresae* – eine empfindliche Schönheit

Astrophytum ornatum
Beinahe meterhoch werden sie in ihrer mexikanischenHeimat. Sie sind wirklich geschmückt, mit starren starken Dornen in gelb bis dunkelbraun. Auf den tief eingebuchteten Rippen sind zudem weiße Wollflöckchen in dekorativen bogenförmigen Mustern angeordnet. Wer noch die notwendige Geduld aufbringt, kann sich an mehrjährigen Exemplaren wunderschöner hellgelber Blüten erfreuen. Recht nahe verwandt ist die ebenso wärmeliebende »Bischofsmütze«. Winzige Wollflöckchen sind statt Dornen zu Tausenden über den grau erscheinenden Körper verteilt. Mitten aus dem Scheitel bringen schon 3- bis 4jährige Pflanzen gelbe Blüten.

Dolichothele longimamma
Im Vergleich zu den wesentlich kleineren *D. baumii, D. camptotricha, D. sphaerica* und *D. surculosa* bildet *D. longimamma* durch Sprossung beinahe wuchtige Gruppen. Flüchtig betrachtet fallen die sehr weichen Warzen von 5 bis 7 mm Durchmesser und etwa 3 bis 7 cm Länge auf. An ihrer Spitze tragen sie dünne Dornen, sternenähnlich, so daß die Pflanze wie von einem feinen Netz überzogen erscheint. Besonders schön sind die etwa 6 cm großen gelben Blüten, die an sonnigen Tagen oft gleichzeitig an vielen Sprossen zu sehen sind. Die Früchte sind von den Warzen kaum zu unterscheiden und schmecken bei *D. surculosa* besonders aromatisch. Alle D. mögen es ganzjährig schön warm.

Cleistocactus santacruzensis
ist eine sonderbare Gestalt unter seinen weiß-, gelb- und grünsäuligen Verwandten. Bei Santa Cruz in Bolivien beheimatet, fällt die Art durch die über 2 cm langen Mitteldornen auf, die wesentlich aus dem übrigen blaßgelben bis rosagrauen Dornenkleid herausragen. Die kaum meterhohen Säulen erreichen nur 3 cm im Durchmesser. Auffällig s-förmig gebogen sind die etwa 5 cm langen Blüten. Der schräge Saum und der weit herausragende Griffel sind rot gefärbt. Besonders beliebt bei vielen Sammlern ist der beinahe schneeweiße *Cl. straussi.* Er mag es ganzjährig warm, gedeiht aber auch gut vor einer stark besonnten Südwand. Bei etwa 8 cm Durchmesser kann er 1 bis 2 m hoch werden. Aus den haarfeinen Dornen schieben ältere Pflanzen senkrecht zum Körper fingerlange gerade Blüten von weinroter Farbe mit rötlichbrauner Behaarung. Der ebenfalls wolligen, fast kugeligen Frucht hängt oft noch der Blütenrest an.

Echinocactus grusonii
aus Mexiko hat wohl den schönsten und zugleich passendsten Namen bekommen: Goldkugelkaktus. Schon junge Pflanzen zeigen die typische gelbe, stark stechende Bedornung. Bei älteren Exemplaren reihen sich die zunächst vorhandenen Warzen in ausgeprägte Rippen, der derbe Mitteldorn neigt sich nach unten. Bedingt durch die relativ geringe Sonneneinstrahlung wächst *E. grusonii* in Mitteleuropa nur sehr langsam zu blühfähigen Exemplaren mit einem Mindestdurchmesser von etwa 50 cm heran. Dann zeigt sich im Scheitel kurze weiße Wolle zum Schutz der Knospen. Die kleinen, sonnengelben Blüten erheben sich kaum über die Dornen.

Gesunde und kranke Kakteen

Bekämpfung

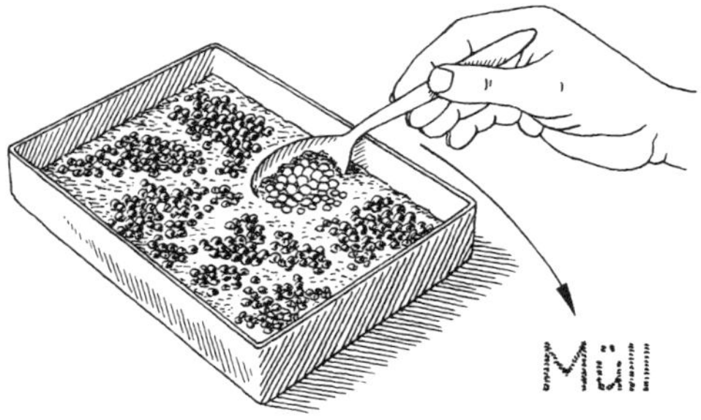

Befallene Sämlinge und angrenzendes Substrat sofort entfernen

Befallstelle mit Fungizid bepudern

Wird der Befall noch rechtzeitig festgestellt, hebt man mit einem sauberen Löffel die betroffene Stelle und den angrenzenden Bereich samt Erde und Pflanzen ab. Vorsicht, daß keine Erde dabei verstreut wird! Um das weitere Ausbreiten des Myzels zu verhindern, streut man eine Mischung aus pulverförmigem Fungizid und feinem trokkenem Sand etwa 1:10 entlang der Befallsrandzone und soweit man das Myzel vermutet. Auch das Überpudern mit Holzkohlestaub wirkt dem Pilzbefall entgegen. Sehr wirksam gegen Vermehrungspilze sind systemisch wirkende Fungizide, die von der Pflanze aufgenommen werden und sie vor dem Pilzbefall schützen. Nach der Behandlung muß man reichlich lüften, das Gefäß abtrocknen lassen und genau beobachten, ob der Befall tatsächlich eingedämmt wurde.

Vorbeugen

Zur Vorbeugung werden alle zur Aussaat nötigen Materialien gründlich desinfiziert, das Substrat gedämpft und zur Sicherheit vor der Aussaat mit einem Fungizid angegossen. Die Samen sind vor der Aussaat zu beizen.

Behandlung nach dem Auflaufen

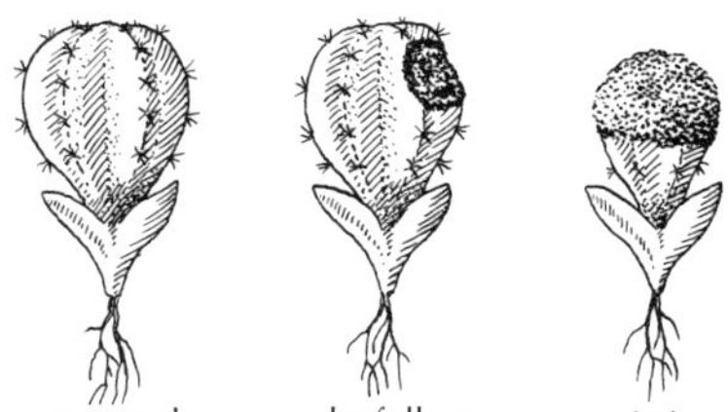

Befallsentwicklung der Stammfäule an Sämlingen

Sobald die Samen aufgelaufen sind, ist für reichlich Frischluft zu sorgen. Gelegentlich kann die Oberfläche des Aussaatgefäßes auch schon abtrocknen, wenn die Mehrzahl der Samen gekeimt und die Sämlinge sich mit Wasser vollgesaugt haben. Zur Vorbeugung kann die Aussaat mit Fungizid überbraust werden.

Stammfäule *Helminthosporium*

Eine weitere pilzliche Erkrankung an Sämlingen ist die Stammfäule, hervorgerufen durch den Erreger *Helminthosporium cactivorum*. Die Sämlinge zeigen zunächst glasige Faulstellen und sind kurz darauf vollständig mit einem samtigen schwarzen Belag überzogen. Der Sämling ist unter dem Belag völlig geschrumpft und verhärtet. Von soeben gekeimten Sämlingen bleibt nichts als der Sporenbelag übrig.

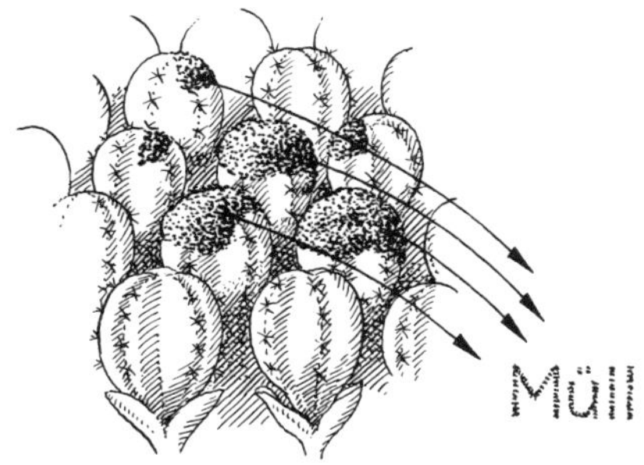

Befallene Sämlinge sofort entfernen

Bekämpfung

Wenn man Sämlinge an heißen Tagen gießt, tritt die Stammfäule besonders häufig auf. Ist das Pflanzenkörperchen etwa streichholzkopfgroß, kann man mit dem Gießen bedenkenlos bis zum Wetterwechsel warten. Befallene Sämlinge sind baldigst mit der sie umgebenden Erde zu entfernen. Die verbleibenden, gesunden Sämlinge werden vorbeugend mit einem Fungizid gegossen. An heißen Tagen sollte man die Behandlung lieber abends ausführen, wenn die Pflanzen schon abgekühlt sind.

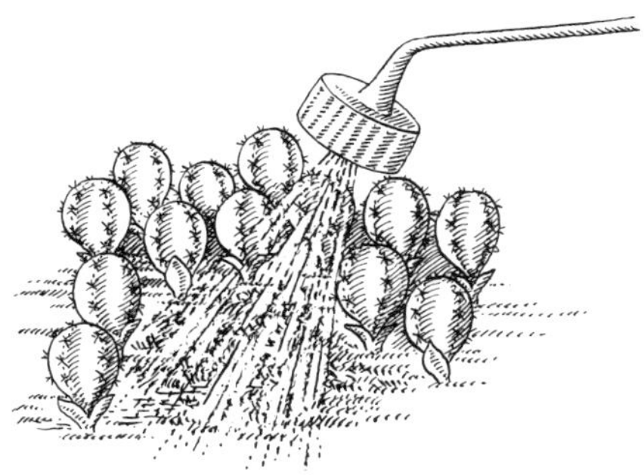

Vorbeugendes Spritzen mit Fungizid

Trauermücken

Zu den tierischen Schädlingen, die besonders den Kakteensämlingen gefährlich werden können, gehören die Trauermücken. Ihre Larven sind 4 bis 7 mm lang, durchsichtig, mit schwarzem Kopf. Optimal vermehren sich Trauermücken in humosem Substrat bei permanenter Feuchtigkeit (Staunässe) und Temperaturen über 20°C. Massenpopulationen können in Saatschalen Totalausfall verursachen. Über die Wurzel fressen sich die Larven bis in

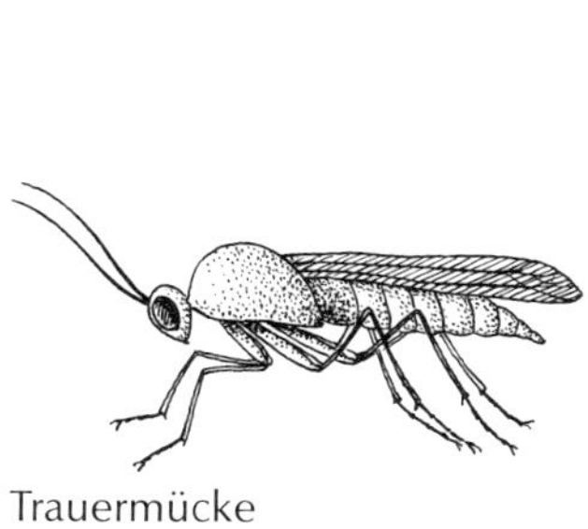

Trauermücke

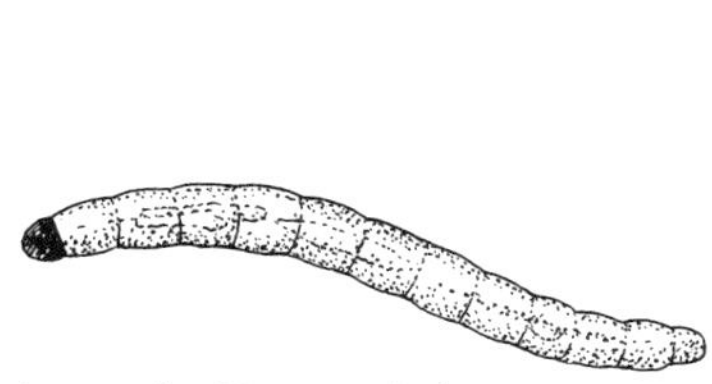

Larve der Trauermücke

den Sämling und höhlen ihn vollständig von unten her aus.
Die geschlechtsreifen Trauer- oder Sciaramücken sind etwa 3 mm lang. Ausgewachsene Tiere verursachen zwar an den Pflanzen keine Schäden, aber bei starkem Befall erheben sich bei einem Luftzug ganze Schwärme von Trauermücken.

Bekämpfung

Die Vermehrung kann schon durch Trockenperioden auf ein nicht mehr schädliches Maß reduziert werden. Allerdings genügt für die weitere Vermehrung der Population schon eine stehengebliebene Pfütze. Das intensiv schädigende Larvenstadium kann durch Gießen mit Insektiziden bekämpft werden. Allerdings muß man die Behandlung im Abstand von fünf bis acht Tagen mehrmals wiederholen.

Schnecken

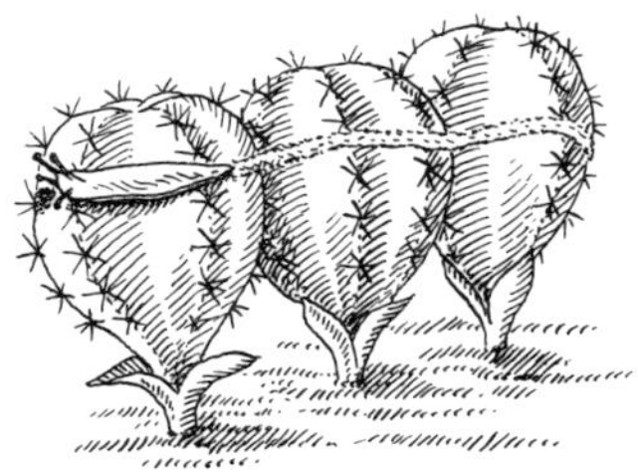

Schnecken hinterlassen eine Schleimspur und sind dadurch leicht zu ermitteln

Schnecken fressen gelegentlich an Sämlingen und am zarten Neutrieb von jungen Kakteen. Nicht einmal die spitzen Dornen sind ihnen dabei ein Hindernis. Es ist erstaunlich zu beobachten, wie Schnecken ohne Probleme selbst die gefürchteten Opuntienglochiden überwinden. In den heißen Stunden des Tages halten sie sich versteckt und fressen in den Morgen- und Abendstunden. Auf ihrem Weg hinterlassen sie in jedem Fall eine typische, silbrig glänzende Schleimspur und verraten damit ihre Anwesenheit. Symptomatisch für Schnecken ist der »Schabefraß«, meistens verursacht von kleinen, etwa 1 cm langen Nacktschnecken. Sie fressen Kakteensäm-

Bekämpfung

linge bis auf die Wurzel radikal weg oder höhlen Jungpflanzen gänzlich aus. Am einfachsten bekämpft man sie durch Aufstellen von Bierschälchen. Mit diesem Mittel kann man Schnekken anlocken und sie dann leicht absammeln. Der Handel bietet Schnekkenfraßköder an.

Kellerasseln

Ähnlich den Schnecken fressen Kellerasseln gelegentlich an Kakteensämlingen. Da sie bei ihrer Fraßtätigkeit auch Pilzsporen verbreiten, können sie erheblichen Schaden anrichten. Kellerasseln halten sich tagsüber an feuchten Stellen unter Töpfen oder Schalen auf.

Bekämpfung

Zum Anlocken legt man halbierte rohe Kartoffeln auf die Schnittfläche, unter denen sich die Tiere gern sammeln. Bei der Kontrolle braucht man nur die oft zuhauf sitzenden Asseln zu zerdrükken.
Die chemische Bekämpfung scheitert leicht an der Unempfindlichkeit der Tiere.

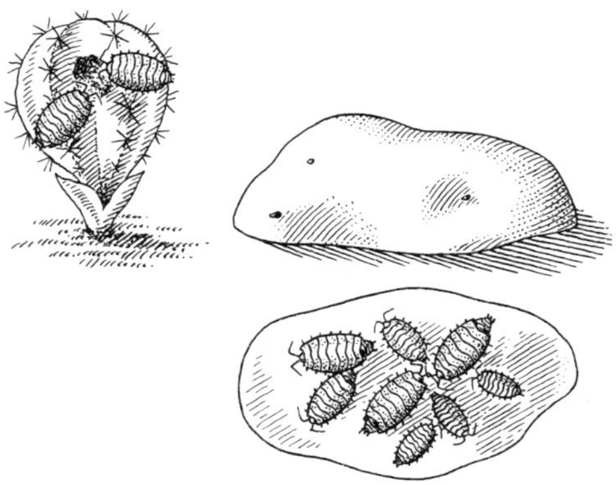

Kellerasseln fängt man unter halbierten Kartoffeln

Wie man Kakteen vermehrt

Die vegetative Vermehrung
Seite 115

Die Vermehrung aus Samen
Seite 132

Selbstverständlich kann man die Vermehrung der Kakteen den Gärtnern überlassen, sie haben es ja schließlich gelernt. Dennoch wird es wohl kaum einen Kakteenfreund geben, der nicht seinerseits versucht, Kakteen selbst heranzuziehen. Dabei ist es nicht einmal das Geld, weshalb er sich nicht die gewünschten Pflanzen kauft. Es ist einfach der Reiz zu beobachten, wie aus einem winzigen Samenkorn ein kleiner Sämling und schließlich eine neue Pflanze wird, oder zu erleben, daß ein abgeschnittener Seitensproß Wurzeln treibt und als selbständige Pflanze weiter wächst. Freilich, eine ganze Menge Geduld und einige Kenntnisse muß man mitbringen, wenn man sich später nicht über Fehlschläge ärgern möchte.

Zum besseren Verständnis müssen auch einige Begriffe geklärt werden: Da gibt es zunächst die vegetative Vermehrung, was übersetzt soviel wie »durch Wachstum entstehende Vermehrung« heißt. Von einer Mutterpflanze werden Pflanzenteile abgeschnitten und bewurzelt oder auf eine Unterlage veredelt. Der andere Weg ist die generative Vermehrung – durch Verschmelzung von Ei- und Samenzelle nach der Bestäubung einer Blüte entsteht ein Samenkorn. Damit beginnt eine neue Generation mit neuer Kombination der Erbteile beider Eltern.

Um Samengewinnung, Aussaat, Pikieren und Topfen, Stecklingsschnitt und Veredlung wird es nun gehen.

Die vegetative Vermehrung

Stecklinge und Kindel

Welche Gattungen kommen in Frage?

Grundsätzlich können alle Kakteen aus Stecklingen vermehrt werden. Allerdings gibt es viele Arten, die nur schwer wurzeln, oder kaum Sprosse bilden, die geschnitten werden können. So wird man die Mehrzahl der Kugelkakteen besser durch Samen vermehren. Doch Säulenkakteen, *Opuntia, Pereskia, Rhipsalis* und alle sprossenden und kindelbildenden Kakteen lassen sich sehr gut durch Stecklinge vermehren. Durch Kreuzung und Auslese gezüchtete Kakteen-Sorten, die sich aus Samen nicht reproduzieren lassen, werden über Stecklinge vermehrt. Dazu gehören zum Beispiel die Blattkakteen, *Aporocactus,* Weihnachts- und Osterkakteen, die *Echinopsis*- und *Chamaecereus*-Hybriden.

Durch Stecklinge vermehrt man Säulenkakteen, *Rhipsalis, Opuntia, Echinopsis,* Weihnachtskakteen und Blattkakteen

Warum wird durch Stecklinge vermehrt?

Es kann verschiedene Gründe geben, einen Steckling zu schneiden oder Kindel zu bewurzeln. Da ist zunächst der Wunsch, von einer Pflanze ein weiteres Exemplar zu haben. Es kann aber auch sein, daß ein Säulenkaktus einfach zu lang wurde und verjüngt werden soll. Manchmal ist man auch gezwungen, den gesunden Teil einer Pflanze abzuschneiden, um ihn zu retten, wenn er vom Fuß her von Fäulnis ergriffen wurde. In solch einem Fall muß man sofort handeln. Normal schneidet man Stecklinge im späten Frühjahr oder im Sommer. Die Witterung kann sehr dazu beitragen, daß die

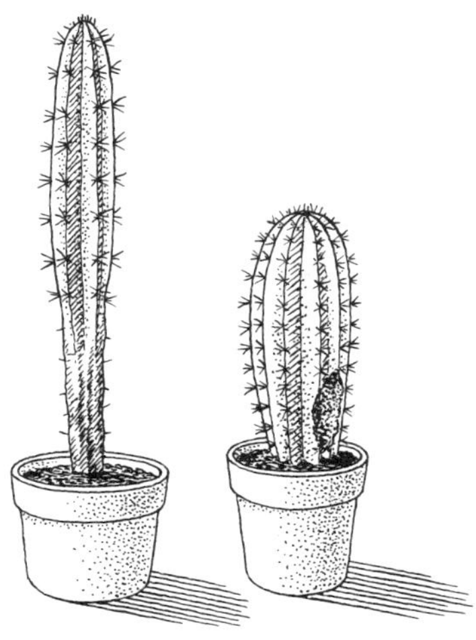

An der Basis unschön oder krank gewordene Säulenkakteen werden abgeschnitten und neu bewurzelt

Wie man Kakteen vermehrt

Schnittfläche schnell verheilt, deshalb ist sonniges Wetter besser als regnerisch trübes.

Günstigste Schnittstelle

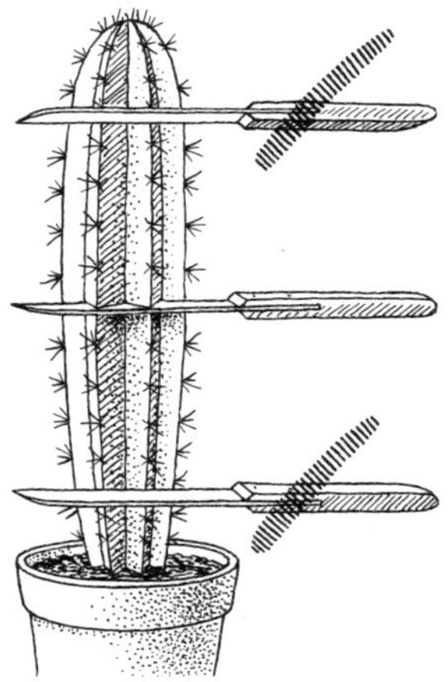

Stecklingsschnitt im ausgereiften Trieb

Die Mutterpflanzen sollten gut im Trieb und der zu schneidende Steckling gesund sein. Bei Stecklingsschnitt zur Rettung des Kopfstückes darf nur im gesunden Bereich geschnitten werden, notfalls muß man den Schnitt etwas höher wiederholen. Vorher ist unbedingt das Messer zu desinfizieren.
Der Stecklingsschnitt ist im gut ausgereiften, also mindestens vorjährigen Trieb auszuführen. In zu jungem Gewebe geschnittene Stecklinge faulen sehr leicht. Dagegen bilden Stecklinge, die im sehr alten, schon verholzten Bereich der Pflanze geschnitten wurden, nur schwer Wurzeln.

Wie wird geschnitten?

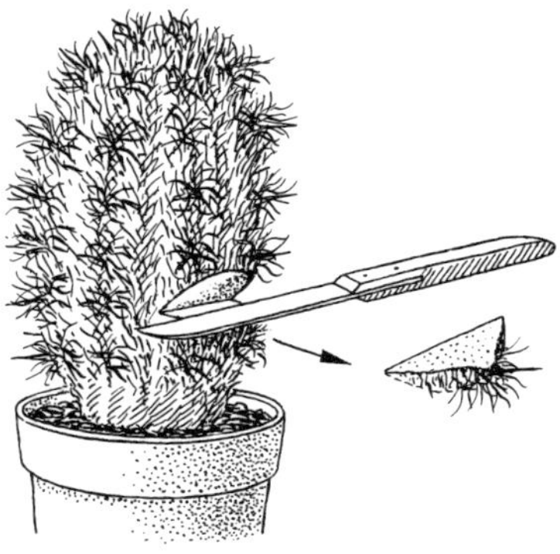

Schneiden einer weichfleischigen Pflanze

Soll ein dicht bedornter, weichfleischiger Kopf geschnitten werden, zum Beispiel von einer *Mammillaria,* kann es günstig sein, zunächst ein keilförmiges Stück in der vorgesehenen Schnitthöhe mit Dornen und zäher Oberhaut herauszuschneiden, damit bei dem folgenden Stecklingsschnitt möglichst wenig Zellen gequetscht werden. Aus dem gleichen Grund muß immer mit einem scharfen Messer gearbeitet und der Steckling mit einem ziehenden Schnitt, möglichst ohne abzusetzen, von der Mutterpflanze getrennt werden.

Um später wüchsige Pflanzen zu haben, darf die neue Wurzel nur unmit-

Wie wachsen die neuen Wurzeln?

telbar aus dem Bereich des Zentralzylinders auswachsen. Das erreicht man bei weichfleischigen Stecklingen durch konisches Zuschneiden. Bei geradem Schnitt trocknet das weiche Speichergewebe glockenförmig zurück, die derbe Außenhaut bleibt stehen. Die neuen Wurzeln wachsen vom Zentralzylinder entlang der inzwischen verhärteten Sekundärhaut der Schnittstelle bis zur Außenhaut und treten dort aus. Bei konischem Schnitt wachsen die Wurzeln direkt aus dem Zentralzylinder.

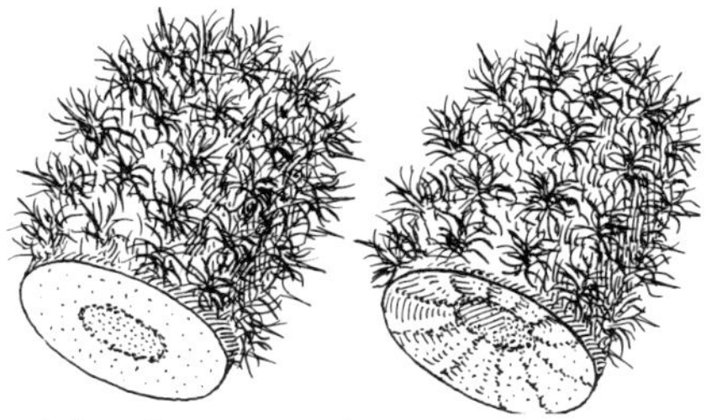

Weichfleischiges Speichergewebe trocknet trichterförmig nach innen

Unterschiedliche Stecklingsgewinnung

Stecklinge von *Opuntia* werden an der Anschlußstelle der Scheiben oder Glieder geschnitten. Bei einigen Arten können Stecklinge einfach gebrochen werden. Gleiches gilt für die Glieder der Weihnachts- oder Osterkakteen. Sie werden zur Vermehrung einfach abgedreht. Dagegen werden die Stecklinge von *Epiphyllum* (Blattkakteen) nicht an der dünnen verholzten Basis geschnitten, sondern im breiten Trieb. Ist der Sproß lang genug und besitzt genügend Areolen, sind auch Teilstecklinge möglich, das heißt, man schneidet im ausgereiften Teil noch ein zweites Mal. Beim Abstellen der Stecklinge ist unbedingt die Polarität zu beachten, die untere Schnittstelle eines Teilstecklings gehört in den Topf. Beide Stecklingsformen sollte man unten zuspitzen. Unter zwei gegenüberliegenden Areolen werden Schnitte schräg nach unten auf den verholzten Zentralzylinder zu geführt.

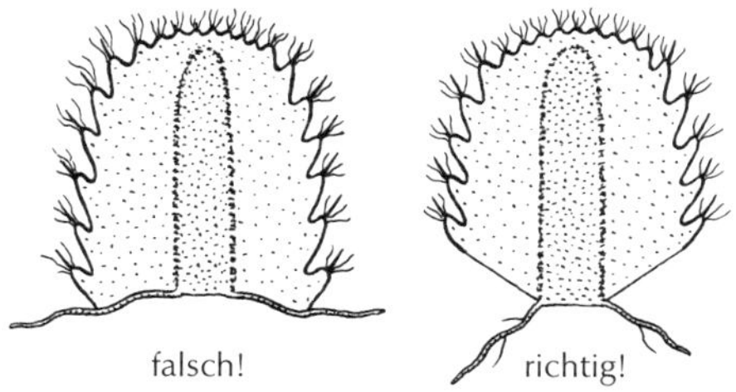

Durch konisches Anschneiden wächst die Wurzel direkt aus dem Zentralzylinder

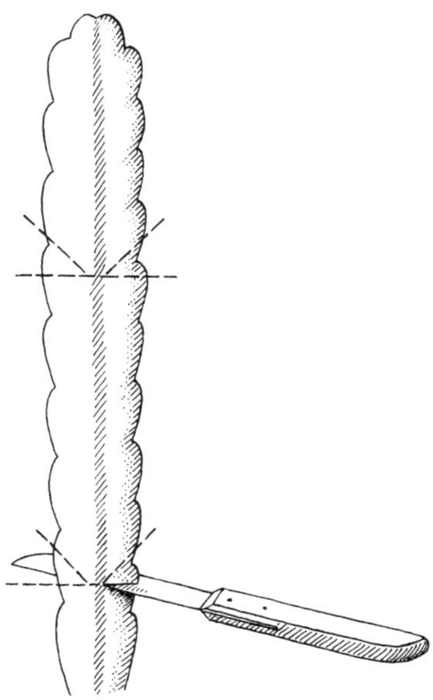

Von langen Blattkakteentrieben lassen sich auch Teilstecklinge schneiden

Wie man Kakteen vermehrt

Abstellen des Stecklings oder Kindels

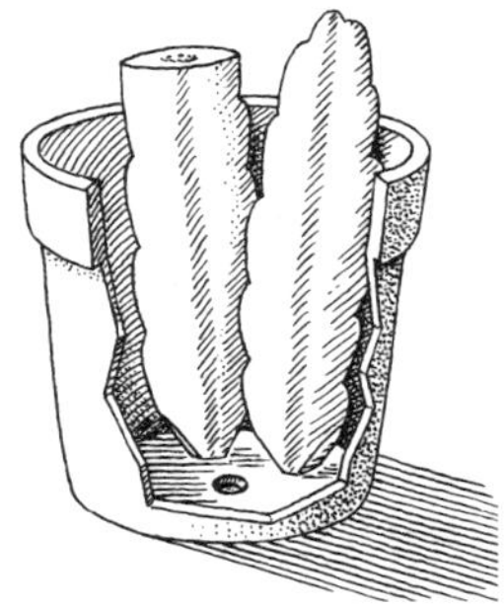

Aufstellen der Stecklinge zum Trocknen

Nach dem Schneiden der Stecklinge muß die Schnittstelle möglichst schnell verheilen. Solange sie noch feucht ist, besteht beim Stecken die Gefahr der Pilzinfektion. Man stellt die frischen Stecklinge deshalb so auf, daß Luft an die Schnittfläche gelangen kann. Am günstigsten stehen sie in einem Kasten mit Gitterboden oder in trockenen Tontöpfen. Auf jeden Fall muß sich die Schnittstelle unten befinden.

Nicht legen!

Der Steckling darf nicht liegen, da sich in dem Fall durch Einwirkung der Schwerkraft die Wurzeln an der Auflagefläche, nicht jedoch an der Schnittfläche, bilden würden.

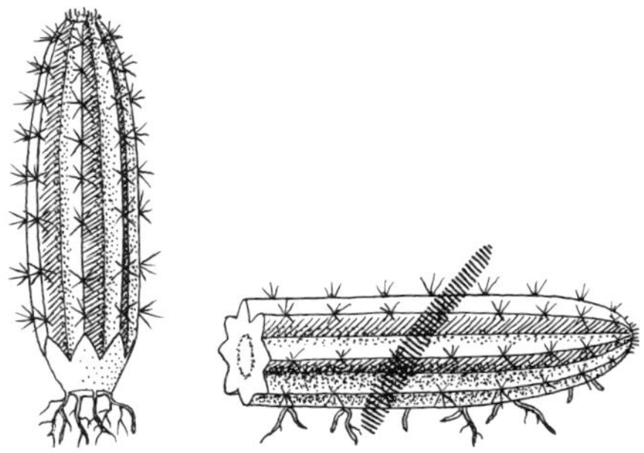

Wurzeln bilden sich immer am nach unten weisenden Pflanzenteil

Behandlung der Schnittstelle

Große Schnittflächen pudert man vorsorglich mit Holzkohlestaub, dem man etwas Fungizid beigemischt hat. Es gibt auch Bewurzlungspulver zu kaufen, das neben desinfizierenden Inhaltsstoffen Substanzen enthält, die die Wurzelbildung fördern. Die senkrecht eingestellten Stecklinge bringt man an einen hellen, luftigen, vor direkter Sonneneinstrahlung geschützten Ort. Für die Wurzelbildung sind bestimmte Stoffwechselvorgänge Voraussetzung, deshalb ist das Licht auch in dieser Phase wichtig.

Stecklinge stehend trocknen lassen

Kontrolle

Gelegentlich sollte man den Zustand der Stecklinge überprüfen. Zeigt sich an den Schnittflächen Fäulnis, ist unbedingt bis in das gesunde Gewebe nachzuschneiden. Zieht sich die Infektion schon bis in den Zentralzylinder, muß der Steckling konsequent vernichtet

Erste Wurzeln

werden. Bis sich die ersten Wurzelspitzen zeigen, können zwei bis sechs Wochen vergehen. Nun wird in normale Kakteenerde getopft, einige Tage später sind auch die ersten Wassergaben möglich. Der Neutrieb zeigt, daß über die neugebildeten Wurzeln die Wasser- und Nährstoffaufnahme funktioniert.

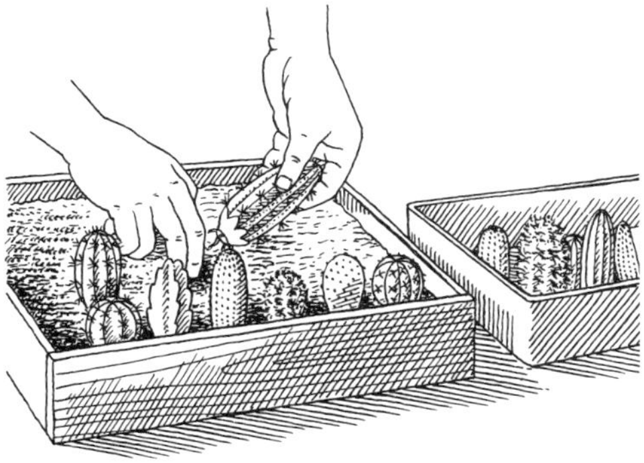

Nach gründlichem Abtrocknen und Verheilen der Schnittflächen zeigen sich die ersten Wurzelspitzen

Kindel werden wie Stecklinge behandelt

Mit den Kindeln von *Echinopsis, Rebutia, Gymnocalycium* oder *Mammillaria* verfährt man wie mit Stecklingen. Durch die stark verjüngte Verbindungsstelle zur Mutterpflanze ist die Schnittfläche sehr klein und der Abheilungsprozeß unproblematisch. Teilweise bilden sich schon Wurzeln, solange das Kindel noch an der Mutterpflanze sitzt. Interessant ist, daß *Notocactus* der *Ottonis*-Gruppe regelrechte unterirdische Ausläufer bilden, die fertig bewurzelte Pflanzen hervorbringen und wie Sämlinge pikiert werden können.

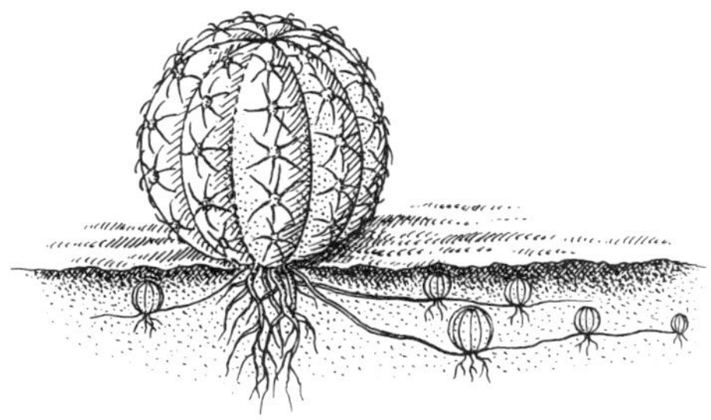

Ausläuferbildung bei *Notocactus ottonis*

Als Lebensgrundlage für chlorophyllose Arten

Das Veredeln

Das Veredeln ist eine Vermehrungsart, bei der ein Sproßstück der zu vermehrenden Mutterpflanze mit einer »geköpften« Unterlage zum Verwachsen gebracht wird. Man sollte nur solche Arten veredeln, die auf eigenen Wurzeln nur schwer oder überhaupt nicht zu kultivieren sind. Alle chlorophyllosen Kakteen, wie die vielfarbigen *Gymnocalycium* 'Hibotan' oder die gelben *Chamaecereus* können nur durch Veredlung auf eine Unterlage am Leben

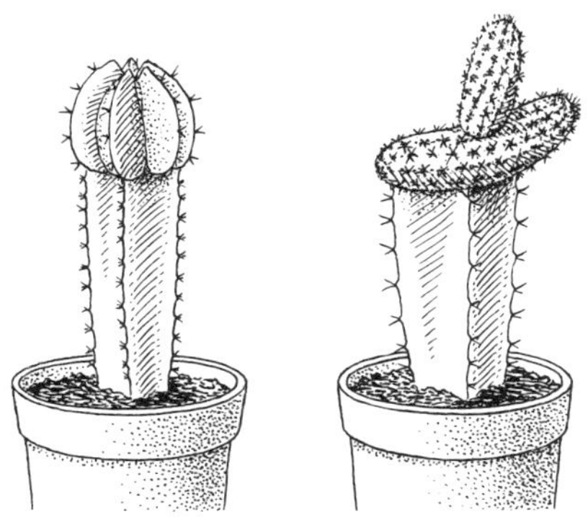

Veredlungen von Kakteen ohne Blattgrün

Wie man Kakteen vermehrt

Günstig für schnelles Wachstum

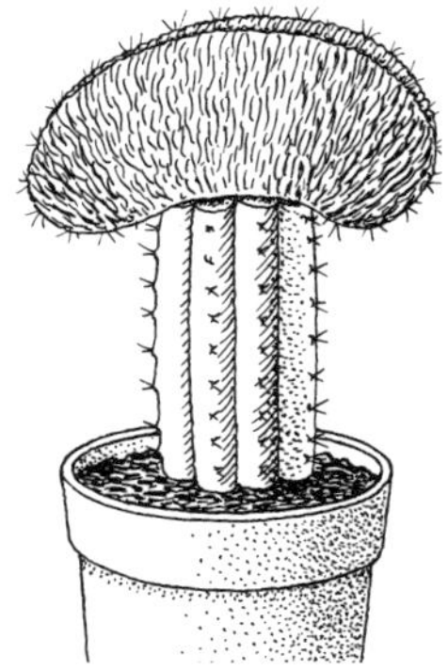

Veredlung einer Kammform

Zur Gesunderhaltung der Wurzeln bei manchen älteren *Astrophyten*

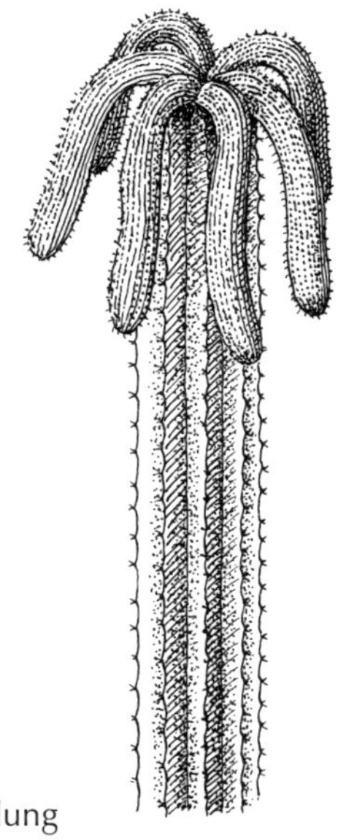

Hochveredlung

Sämlingsveredlung

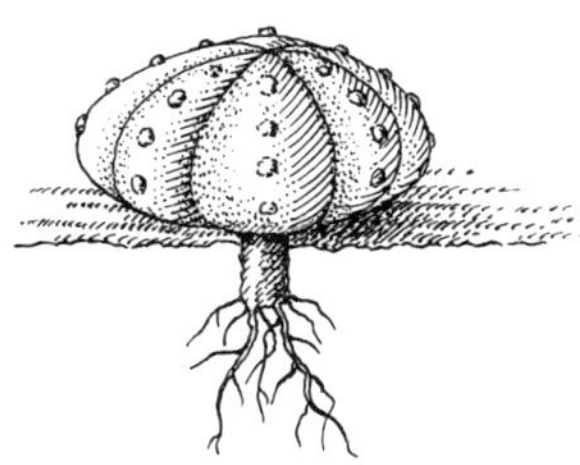

Zur Wurzel gewordene Unterlage

erhalten werden. Ihnen fehlt das für die Assimilation nötige Chlorophyll.

Auch viele Kammformen oder *Cristaten* bilden nur schwer eigene Wurzeln und wachsen nur sehr langsam. Außerdem wirken sie erhöht auf einer Unterlage wesentlich besser. Veredlungen auf hohen, gut im Wuchs befindlichen, möglichst ausgepflanzten Säulenkakteen zeigen starken Zuwachs. Innerhalb eines Jahres können große dekorative Pflanzen heranwachsen, die unveredelt vier bis fünf Jahre zum Erreichen der gleichen Größe benötigt hätten.
Auch wenn viele Kakteenfreunde in neuerer Zeit Veredlungen als unnatürlich ablehnen und wurzelechte Pflanzen bevorzugen, so gibt es doch einige Kakteenarten, die speziell im Alter Probleme mit der Gesunderhaltung der Wurzeln bereiten. Hier sind besonders die rotschlundigen *Astrophytum* zu nennen, die in der Jugend auf eine kurze Dauerunterlage veredelt, später wie eine wurzelechte Pflanze wirken. In der Kultur sind sie viel anspruchsloser und erreichen ein wesentlich höheres Alter.

Auch gerade aufgelaufene Sämlinge lassen sich auf bestimmte Unterlagen veredeln. Diese »Feinmechanikerarbeit« lohnt sich, wenn man ihr den Zeitgewinn in der Entwicklung und die geringeren Ausfälle gegenüberstellt.
Schließlich sind auch die »Notveredlungen« zu nennen. Sie werden durch-

geführt, um den Kopf einer seltenen Art zu retten, wenn eine Infektion von der Wurzel her das Leben der Pflanze bedroht.

Sämlingsveredlung auf *Pereskiopsis*

Unterlagen

Unterlagen müssen widerstandsfähig sein, einfach zu vermehren, und vor allem mit dem Kopf gut verwachsen. Allen Anforderungen wird keine Unterlage gerecht. Man muß sicher für den jeweiligen Verwendungszweck die geeigneten Partner finden. Als Dauerunterlage, auf die fast alle Arten veredelt werden können, sind geeignet *Eriocereus jusbertii, Trichocereus pachanoi* oder *Cereus peruvianus.* Sie dienen als Unterlage für Hochveredlungen, um schnelleren Zuwachs und zeitigeren Blühbeginn zu erreichen. Man verwendet sie auch als höhere Stammunterlage für *Cristaten* oder als kurze Unterlage, die später in der Erde verschwindet und zur Wurzel wird.

»Universalunterlagen«

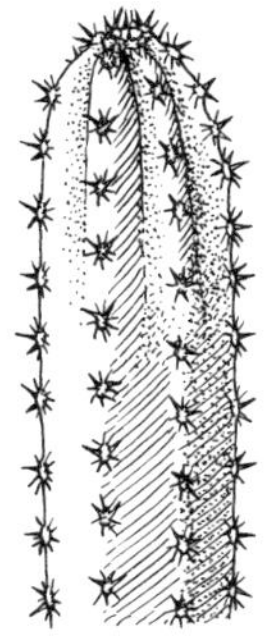

Eriocereus jusbertii

Eriocereus jusbertii

Eriocereus jusbertii als Unterlage fördert ganz besonders die Blühwilligkeit des Pfröpflings und dessen Bedornung. Er kommt den Anforderungen an eine Idealunterlage schon recht nahe. Allerdings wird der »Kopf« nur gut angenommen, wenn er vor der Veredlung in Trieb gebracht wurde.

Trichocereus spachianus

Trichocereus spachianus nimmt den Pfröpfling gut an und fördert den Zuwachs. Bedingt durch die vielen Rippen bildet er nach der Veredlung reichlich Seitensprosse. Hochveredlungen neigen leicht zur Verkorkung der Epi-

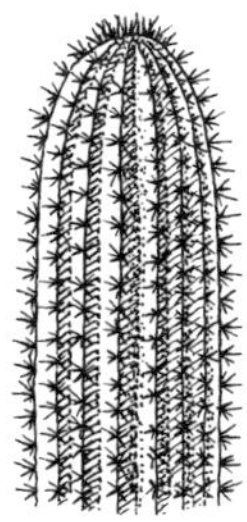

Trichocereus spachianus

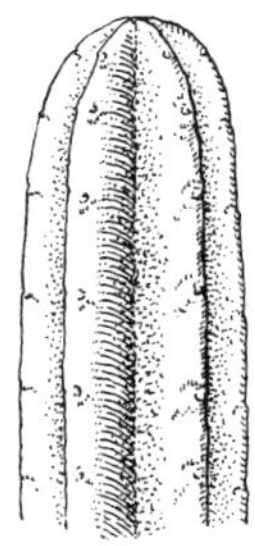

Trichocereus pachanoi

dermis (Oberhaut). Dadurch werden die Pflanzen oft unansehnlich. Als Flachveredlung ist *Trichocereus spachianus* gut geeignet. Vorteilhaft ist vor allem die geringe Empfindlichkeit bei niedrigen Temperaturen.

Trichocereus pachanoi

Demgegenüber verträgt *Trichocereus pachanoi* keine niedrigen Temperaturen, neigt wenig zur Sproßbildung und ist besonders als Unterlage für *Cristaten* und Pfröpflinge, die rasch wachsen sollen, geeignet.

Cereus peruvianus

Etwas robuster ist *Cereus peruvianus.* Er überträgt seine Wüchsigkeit und Festigkeit auf den Pfröpfling, obwohl das Veredeln durch die derbe Bedornung erschwert wird. Gleichermaßen ist diese Unterlage für Hochpfropfungen zur Wachstumsbeschleunigung oder für die Herstellung von *Cristaten* geeignet.

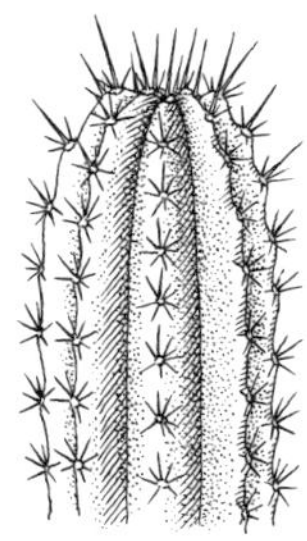

Cereus peruvianus

Unterlagen für spezielle Pfröpflinge

Chlorophyllose Kakteen lassen sich gut auf den wärmebedürftigen *Hylocereus undatus* veredeln. Ebenfalls verwendbar ist *Myrtillocactus geometrizans,* besonders für kleinstbleibende und äußerst empfindliche Arten wie *Aztekium ritteri* oder die winzigen *Blossfeldia*. Von Nachteil ist die Wärmebedürftigkeit und die Fleckenanfälligkeit des *Myrtillocactus.*

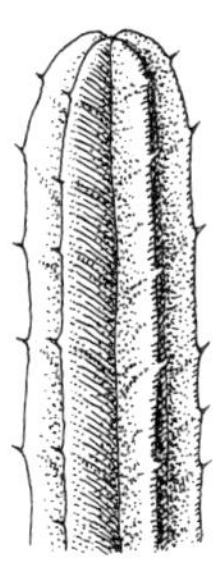

Myrtillocactus geometrizans

Bei der Veredlung von *Opuntia* und *Tephrocactus* haben sich die samtige *Opuntia tomentosa* als geeignet erwiesen. Außerdem kann man auf

Opuntia auch *Wilcoxia* und *Echinocereus* veredeln.
Eine kälteverträgliche Unterlage ist *Trichocereus pasacana*. Er kann kombiniert werden mit *Navajoa, Coloradoa, Utahia*. Für *Pediocactus* und *Maihuenia* hat sich *Opuntia phaeacantha* bewährt.

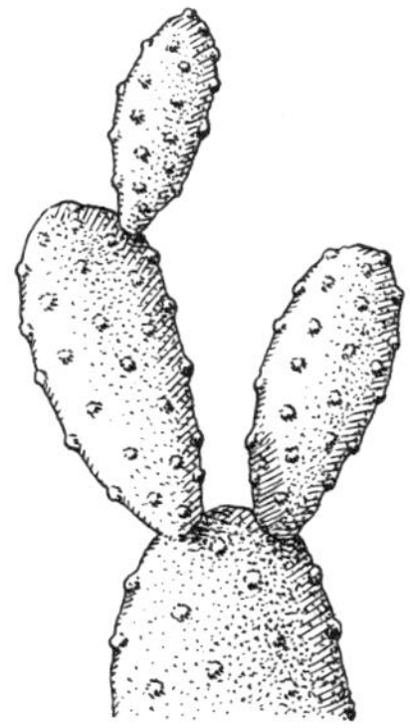

Opuntia tomentosa

Trichocereus pasacana

Vorbereiten

Eine Veredlung ist in gewissem Sinne eine Operation, bestens vorzubereiten und zügig durchzuführen, damit das gewünschte Ergebnis auch möglichst garantiert werden kann. Zur Vorbereitung gehört schon, daß man Pfröpflinge und Unterlage etwa vierzehn Tage vorher in gespannter Luft (hohe Luftfeuchtigkeit und Wärme) gut in Trieb bringt. Die Veredlung selbst sollte an einem warmen, sonnigen Tag ausgeführt werden. Alle benötigten Geräte sollten griffbereit liegen: ein scharfes Messer mit dünner rostfreier Klinge, für Sämlingsveredlungen eventuell frische Rasierklingen, Pinzette, Gummiringe zum Fixieren der frischen Veredlung, ein sauberer Lappen und Spiritus, um die Schneidwerkzeuge während der Arbeit desinfizieren zu können.

Arbeitsplatz zum Veredeln

Hygiene ist Voraussetzung für Anwachserfolge

Bei allen Veredlungsarbeiten sind strenge Hygienemaßnahmen unbedingt notwendig, um nicht den Erfolg von vornherein aufs Spiel zu setzen. Unterlagen und Mutterpflanzen müssen gesund sein. Um mit dem Messer keine Krankheitserreger zu übertragen, sollte es nach jedem Schnitt abge-

Echinofossulocactus crispatus
gehört zu den merkwürdigsten Kakteen, die man in Mexiko findet. Der kugelige, dunkelgrüne Körper ist ausgebuchtet zu sehr dünnen Rippen, die in weichen Wellen am Körper herablaufen und nur hin und wieder ein Dornenpolster tragen. Kurz und spitzig sind die anfangs roten Randdornen, der Mitteldorn erreicht eine Länge von 2 cm. *Echinofossulocactus crispatus* blüht als einer der Ersten im Frühjahr. Seidig weiß mit einem intensiv violettpurpurnen Mittelstreifen werden die Blüten bis 3,5 cm groß mit spitz auslaufenden Blütenblättern. Typisch sind die fast immer großen rundlichen, schwarzen Samen. Die Art liebt ganzjährig sehr viel Wärme.

Echinopsis mamillosa var. kermesina
können mit einem Durchmesser bis 15 cm recht gewaltig erscheinen im Vergleich zu vielen kleinbleibenden, nahe verwandten Kakteen. Der Pflanzenkörper ist kräftig grün und trägt gerade, bis zu 2,5 cm lange Dornen. Nach kühler, trockener Überwinterung bringt die Art karminrote, manchmal auch etwa verwaschene Trichterblüten. Je nach Körpergröße werden die Blüten bis zu 18 cm lang bei einem Durchmesser bis 9 cm und erheben sich damit sehr auffällig hoch über den Pflanzenbestand. Diese Art besitzt wie alle anderen der Gattung *Pseudolobivia* zugeordneten Arten enorm große Blüten.

Epiphyllum (Blattkakteen)
sind als Züchtungen schon seit über 100 Jahren bei Pflanzenfreunden sehr beliebt. Die Farbskala der üppig großen, runden Blüten reicht von eisigem weißgrün über zart bis kräftig gelb, lachs, rosa, karmin und allen Rottönen zum tiefsten violett. Oft ergänzen sich innerhalb einer Blüte verschiedene Farben harmonisch. Unterschiedliches Erbgut spiegelt sich in zart oder kräftig gestreiften Blüten wider. Wirksam umrahmen die farbintensiven Blütenblätter eine Vielzahl pollenreicher Staubgefäße. Bei Bestäubung der Blüten untereinander kann man die Ausbildung pflaumenförmiger, glattschaliger Früchte verfolgen, die einen angenehmen, fruchtig-süßen Duft verströmen. Gut ernährte Jungpflanzen entwickeln schon im Jahr nach der Bewurzelung eine Blüte. Wer seinen Blattkakteen die Sommerfrische im Garten unter Bäumen gönnt, mit Wasser und Nährstoffen nicht spart, den erfreuen alte Exemplare mit 60 und mehr Blüten. Solche Stücke brauchen aber auch reichlich Platz.

Eriocactus leninghausii
ist in Brasilien zu Hause. An Felswänden findet man meterlange Pflanzen, wie Armleuchter abgewinkelt. Besonders ältere Pflanzen sprossen am Fuß oder kurz darüber und bilden so attraktive Gruppen. Die zahlreichen Rippen sind dicht besetzt mit feinen gelben Dornen. Dadurch wirkt *Eriocactus leninghaussi* wie eine gelbe Säule. Typisch ist der bei allen *Eriocactus* extrem nach Süden geneigte Scheitel. Er trägt besonders viele, weiß beborstete Areolen. Aus braunborstigen Knospen entfalten sich im zeitigen Frühjahr bis 5 cm große gelbe flache Blüten mit flattrigen Petalen. Ebenso borstig sind auch die relativ großen Früchte, deren Form an Zipfelmützen erinnert. Sie reißen an der Basis auf. Unzählige kleine braune Samen rieseln innerhalb der Rippen zu Boden und sorgen dort unter günstigen Umständen für reichlich Nachwuchs. Die Art ist wärmebedürftig und sollte ganzjährig hinter Glas bzw. im Zimmer gehalten werden.

Gymnocalycium eurypleurum
Aus Paraguay stammt diese breitrippige Art. Dick und schön dunkelgrün ist der flachkugelige Körper, der sich bei starker Besonnung jedoch rot verfärben kann. Abgefressen wird solch ein *Gymnocalycium* wohl selten, es ist sehr gut durch die fast 3 cm langen, hornweißen Dornen vor Tierfraß geschützt. Über den Sommer zeigen sich im Scheitel beschuppte, grünrote Knospen. Unnachahmlich schön ist die Blüte: Außen die Kelchschuppen mit dunkelrotem Punkt an der Spitze, die äußeren Blütenblätter mit zartrosa Mittelstreif, innen ein üppiges, mattes Porzellanweiß mit einer Fülle gelber Staubgefäße. Auch die etwas durchscheinende, beschuppte Frucht ist rötlichgrün.

Hildewintera aureispina
stammt aus Bolivien. Sie wirken besonders dekorativ als Ampelpflanze. Die hängend wachsenden Triebe können bis zu 1,5 m Länge erreichen. Mit ihrer dichten, kurzen goldgelben Bedornung erweist sich die *H.* ihres Namens würdig. Fällt die Pflanze schon durch Wuchsform und Bedornung in einer Sammlung auf, wird sie durch ihre bis 6 cm langen und im Durchmesser 5 cm großen, leuchtend orangeroten Blüten erst recht zu einem besonderen Schmuckstück. Die grünen Kugelfrüchte enthalten feine schwarze Samen. Fruchtbildung ist nur nach Bestäubung verschiedener Sämlingspflanzen möglich. *H.* wird jedoch fast ausschließlich vegetativ vermehrt.

Hamatocactus setipinus (Texas)
Wer im Geschäft diesen eifrigen Dauerblüher kauft, wird nicht enttäuscht. Am ganzjährig warmen Standort wachsen aus den kleinen Kugeln mit den langen dünnen, schön ausgefärbten Dornen im Alter kräftige, bis 15 cm hohe Säulen. Sägezahnförmige Rippen ziehen sich bei sehr alten Exemplaren spiralig um den frischgrünen Körper. Aus dem Scheitel entwickeln sich über den ganzen Sommer seidig glänzende, hellgelbe Blüten mit attraktiv rotem Schlund. Wird bestäubt, stehen nach kurzer Zeit leuchtend rote, 1 cm große Kugelfrüchte und Blüten dicht nebeneinander. Bei zu dichtem Stand und ungenügender Belüftung leidet die Art leicht an Schmierlausbefall.

Lobivia
Ein merkwürdiger Name, ein Anagramm aus Bolivia. Die oft nur kleinen, unscheinbaren, teilweise auch keulig großen Kakteen sind in Argentinien, Bolivien und Peru zu finden. Die Farbskala der *Lobivia*-Blüten reicht von reinem weiß über gelb, goldorange, rosa, rot bis violett. Zarte und kräftige Töne sind zu sehen, ja innerhalb einer Art gibt es eine ziemliche, jedoch typische Variationsbreite der Blütenfarben. Ebenso ist die Bedornung sehr variabel. Kühl und trocken überwintert, blühen *Lobivia* im Frühsommer sehr reich. In der Züchtung sind sie ein idealer Partner mit außerordentlichen Erbanlagen.

Bei Notveredlungen Übertragung von Pilzkrankheiten vermeiden!

Veredlungsmesser mit Spiritus desinfizieren

Unterlage wird kurz unterhalb des Neutriebes geschnitten

Abkanten der Rippen

wischt und durch Eintauchen in Spiritus desinfiziert werden. Auf die frischen Schnittflächen darf kein Tropf- oder Gießwasser gelangen.
Besondere Vorsicht ist bei den sogenannten Notveredlungen geboten, da hier an infizierten Pflanzen geschnitten werden muß. In der Regel ist der Pilz innerhalb der Pflanze wesentlich weiter vorgedrungen, als es von außen erscheint. Erst nach dem Schnitt kann man feststellen, ob man sich noch im infizierten Bereich befindet. Wird vor dem nächsten Schnitt das Messer nicht genügend desinfiziert, hat man den Pilz mit Sicherheit ins gesunde Gewebe übertragen.

Zunächst wird der Pfröpfling von der Mutterpflanze getrennt und eine im Durchmesser passende Unterlage ausgewählt. Kurz unter dem Neutrieb wird der Kopf der Unterlage mit einem waagerechten ziehenden Schnitt abgetrennt. Die Schnittfläche muß absolut eben und voll saftig sein. Nun wird die Außenkante mit den obersten Areolen schräg, etwa 5 mm breit entfernt. Damit kann die Unterlage nicht mehr unmittelbar neben der Veredlung austreiben. Den gleichen ziehenden Schnitt führt man am Pfröpfling aus und setzt sofort den Kopf mit einer leichten Drehbewegung auf die Schnittfläche der Unterlage. Der ausgetretene Zellsaft läßt beide Teile leicht aufeinander rutschen. Durch die Drehbewegung wird die Luft zwischen den Schnittflächen entfernt.

Pfröpfling unbedingt fixieren

Die Fixierung mittels eines passenden Gummiringes sollte man vielleicht vorher schon einmal »trocken« nur an einer Unterlage im Topf üben, mit dem Gedanken, daß nach dem Schneiden die beiden Teile leicht rutschen und der wertvolle Kopf, durch Druck und Verdrehen gleichzeitig, wegkatapultiert werden könnte. Beide Teile liegen nach dem Schneiden aufeinander. Der Gummiring wird über den Scheitel des Pfröpflings gelegt und mit beiden Händen leicht und gleichmäßig bis zum Topfrand gedehnt. Beide Daumen drücken den Gummiring nun rechts und links gegen den Topfrand, die Finger dehnen ihn vorsichtig bis unter den Topfboden. Je nach der Konsistenz des Pfröpflings sollte man einen oder mehrere Gummiringe zum Fixieren verwenden. Wichtig ist der rundum gleichmäßige Druck beim Fixieren, damit der Kopf nicht einfach abrutscht. Ist der Veredlungsvorgang abgeschlossen, bringt man die frisch »Operierten« sofort an ihren endgültigen Standplatz, wo sie in den folgenden Wochen ohne Störung bleiben. Der Platz sollte luftig, hell und warm beschaffen sein, geschützt vor zu greller Sonne und zu Beobachtungszwecken gut einsehbar. Frischen Veredlungen schadet Feuchtigkeit von oben. Da jedoch die Wasserversorgung auf jeden Fall gewährleistet sein muß, ist die Möglichkeit der Staubewässerung zu schaffen. Eine Schale, in die die Pflanzen gestellt werden, oder eine Folie mit hochgeschlagenen Rändern erfüllen diesen Zweck.

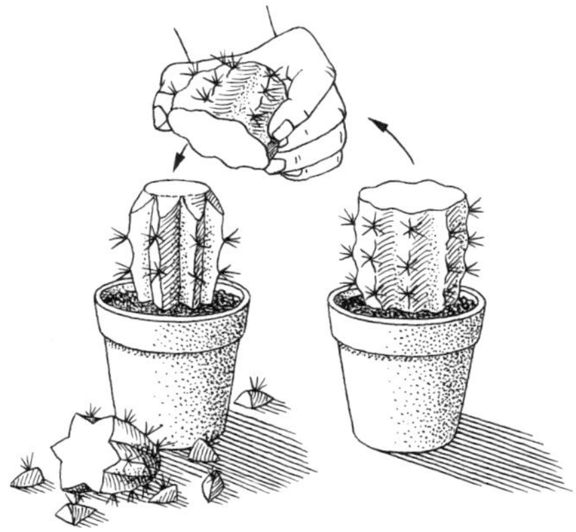

Der Pfröpfling wird auf die Unterlage gesetzt

Gleichmäßiger Druck ist wichtig

Befestigung mit einem Gummiring

Keine Feuchtigkeit von oben!

Fertige Veredlung

Aber auch bei diesem Verfahren gilt: keine Staunässe! Wenn sich der Topfballen vollgesaugt hat, muß das überschüssige Wasser abgelassen werden.

Beschleunigung der Jugendentwicklung

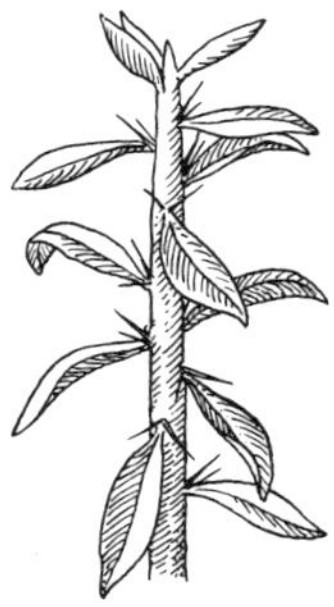

Pereskiopsis spathulata

Sämlingsveredlungen

Sämlingsveredlungen werden ausgeführt, um die langwierige und oft verlustreiche Jugendentwicklung abzukürzen und die Pflanzenausbeute aus knappen und teuren Samenmengen zu vergrößern. Das Verfahren ist zwar recht arbeitsintensiv, wird aber zur Erhaltung gefährdeter Arten wieder an Bedeutung gewinnen. Als Unterlage sind verschiedene Arten bzw. Gattungen geeignet. Der beste Zuwachs wird auf *Pereskiopsis* erreicht. Allerdings sind befriedigende Anwachsraten nur unter optimalen Bedingungen mit ausreichend Luftfeuchtigkeit und Temperaturen um 25°C zu erreichen. Geschnitten wird im Neutrieb 1 bis 3 cm unter der Spitze. Die Unterlage sollte bei einer Höhe von 15 bis 25 cm bis unten beblättert sein. Durch Trockenheit abgeworfenes Laub wächst nicht nach.

Geeignete Unterlagen:
- ***Pereskiopsis***
- ***Selenicereus***
- ***Echinopsis***

***Pereskiopsis*-Unterlagen**

***Selenicereus*-Unterlagen**

Unterlagen von *Selenicereus* gewinnt man aus bewurzelten Neutrieben älterer Mutterpflanzen. Gute Anwachsraten erzielt man mit *Selenicereus*-Sämlingen, die mit etwa einem Monat Vorsprung ausgesät und vor dem Veredeln in Töpfchen pikiert wurden. Natürlich ist der Zuwachs auf fast gleichaltrigen Sämlingen nicht mit dem der älteren Stecklinge zu vergleichen, die eine größere Assimilationsfläche besitzen.

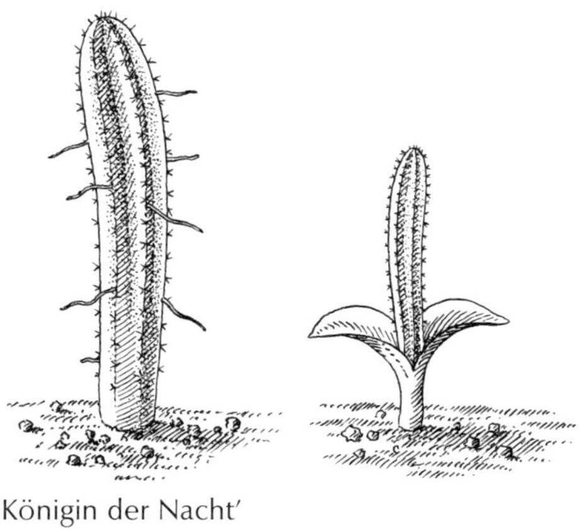

'Königin der Nacht'

Später verschwindet die Unterlage in der Erde und wird zu einer stabilen Wurzel.

Echinopsis-Unterlagen

Echinopsis-Unterlagen, gemeint sind in diesem Zusammenhang die Hybriden von *Echinopsis tubiflora,* gewinnt man aus den oft schon bewurzelten Kindeln einer älteren Pflanze. Um später die Sproßbildung zu unterdrücken, werden alle Areolen vorsorglich abgeschnitten. Dies kann auch schon einige Zeit vor dem Veredeln geschehen. *Echinopsis* eignet sich auch als Unterlage für ältere Sämlinge.

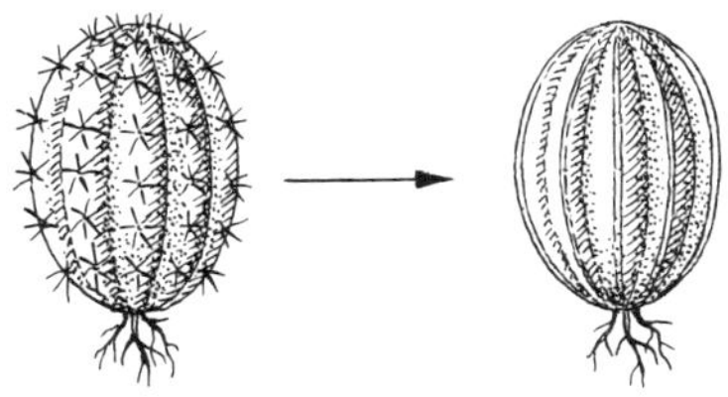

Echinopsis, rechts mit abgeschnittenen Rippen

Vorbereitung der Unterlage

Die für die Sämlingsveredlung vorgesehene Unterlage wird im Neutrieb, dicht unter dem Scheitel waagerecht abgeschnitten. Unter der Schnittstelle liegende Areolen werden entfernt und besonders dickere Unterlagen *(Echinopsis)* werden oben konisch zugeschnitten.

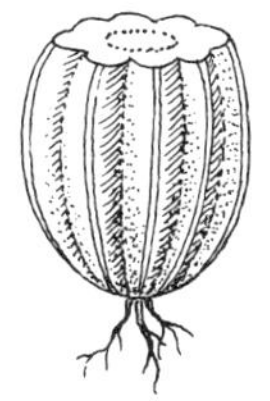

Echinopsis-Unterlage zur Veredlung vorbereitet

Veredeln von höchstens 4 Wochen alten Sämlingen

Ein Sämling im Alter zwischen zehn und dreißig Tagen ist schon soweit »greifbar«, daß man ihn über dem Wurzelhals mit einer scharfen Rasierklinge waagerecht abschneiden kann. Danach wird er behutsam unter leichtem Druck auf die vorbereitete Unterlage gesetzt. Da der Durchmesser des Zentralzylinders der Unterlage stets größer ist als der des winzigen Sämlings, muß dieser außermittig auf ein Leitgefäß gebracht werden. Damit ist die Veredlung der kleinsten Sämlinge schon fertig und muß nun verwachsen.

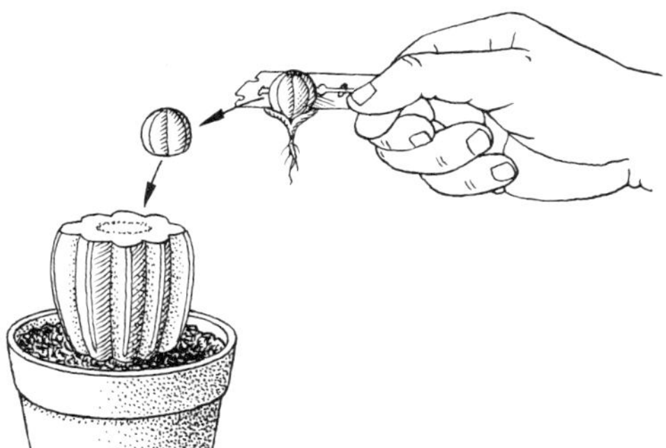

Der Sämling wird über der Wurzel geschnitten und sofort asymmetrisch aufgesetzt

Wie man Kakteen vermehrt

Veredeln von älteren Sämlingen

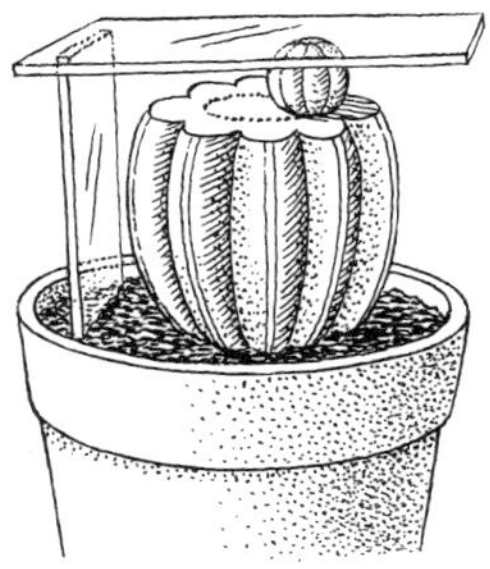

Leichtes Andrücken durch einen Glasstreifen

Werden Sämlinge, die älter als einen Monat sind, veredelt, muß bis zum Verwachsen mittels Gummiband oder eines Glasstreifens ein leichter Druck auf den aufgesetzten Sämling ausgeübt werden.

Bedingungen für das Anwachsen

Optimale Wachstumsbedingungen mit Temperaturen zwischen 20 und 25°C, ausreichend Luft, Wasser und Licht, aber Schutz vor direkter Sonne, gewährleisten ein rasches Anwachsen. In wenigen Monaten wird ein Zuwachs und ein Entwicklungsstand erreicht, zu dem unter normalem Wachstum Jahre notwendig gewesen wären.

Weiterveredeln eines Stecklings von gelungener Veredlung

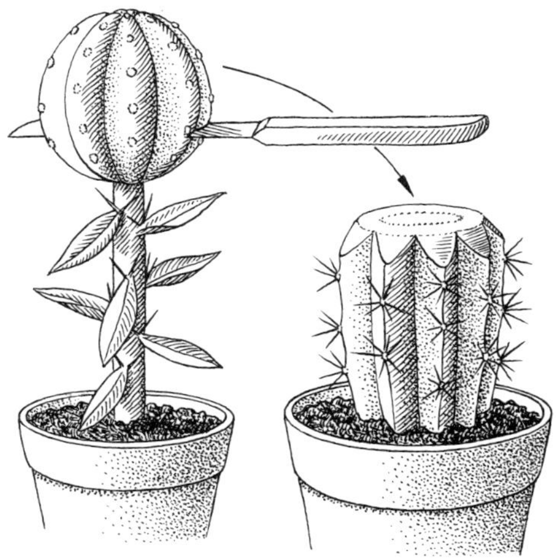

Umveredeln auf eine Dauerunterlage

Ist die Unterlage recht kurz, verschwindet sie allmählich im Boden und wird zur Wurzel. Man kann auch nach entsprechender Zeit den gut gewachsenen Kopf schneiden und als Steckling bewurzeln oder auf einer Dauerunterlage veredeln. Möglicherweise treibt der verbleibende Stumpf in der Folgezeit wieder aus und bildet weitere Sprosse, die später auch geschnitten werden können.

Die Vermehrung aus Samen

Das Aussäen

Ohne Zweifel ist die Aussaat der interessanteste Teil der Kakteenanzucht, weil man die Entwicklung der Pflanzen vom winzigen Keimling an beobachten kann.

Vorbereitung

Folgende Dinge müssen zur Aussaat beschafft werden: Aussaatgefäß, Substrat, Kakteensamen. Als Aussaatgefäß dienen flache Schalen, wie sie z. B. bei der Fotoentwicklung verwendet werden. Allerdings muß man noch Löcher in den Boden bohren. Zur Abdeckung verwendet man passende Glasscheiben. Im Gartencenter werden auch entsprechende Gefäße gleich mit durchsichtigem Deckel angeboten. Bei Wiederverwendung schon gebrauchter Schalen, müssen diese gründlich gereinigt und desinfiziert werden.

Als Aussaatsubstrat verwendet man eine Mischung zu gleichen Teilen aus feinem Torf und Bimskies oder scharfem Sand. Das Substrat braucht keine Nährstoffe zu enthalten, es muß strukturbeständig sein und soll eine möglichst hohe Wasserkapazität besitzen. In die Aussaatschalen wird nun eine Schicht grober Bimskies, Tonscherben oder ähnliches als Drainage eingebracht, darauf füllt man das Substrat, aber nur so hoch, daß zwischen aufgelegter Scheibe und Substratoberfläche genügend Luftraum für die Sämlinge bleibt. Vor der Aussaat soll das Substrat gut durchfeuchtet sein. Der Samen kann selbst herangezogen und geerntet sein, aus einer Tauschzentrale stammen oder gekauft werden. Bei sehr feinen Samen *(Parodia)* muß das Saatbett übersiebt und leicht angedrückt werden. Für die einzelnen Samenportionen werden die Felder mit Plaststreifen eingeteilt. Die Größe richtet sich nach der Samenmenge und dem Korndurchmesser.

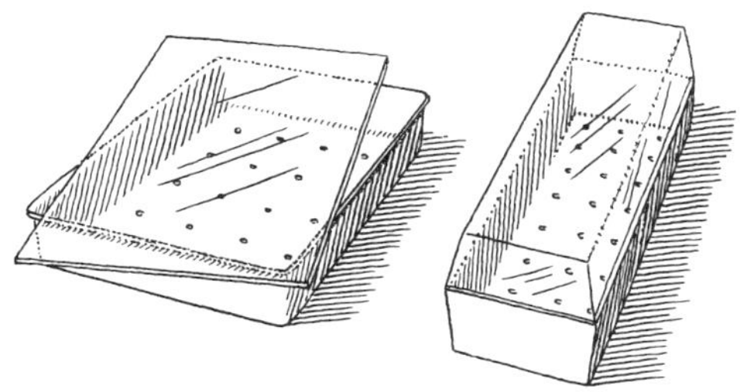

Aussaatgefäße mit Abdeckung

Befüllen der Saatschale

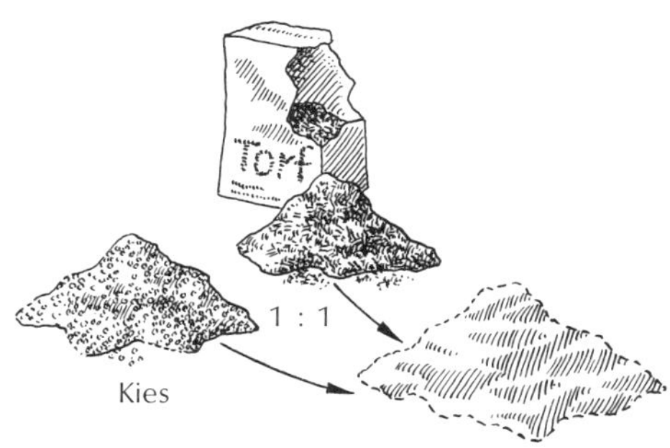

Mischen der Aussaaterde

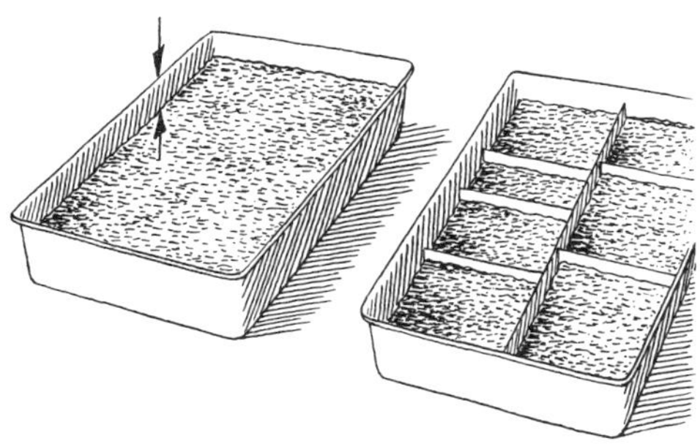

Zur Aussaat vorbereitete Schalen

Wie man Kakteen vermehrt

Getrennte Töpfe für verschiedene Arten

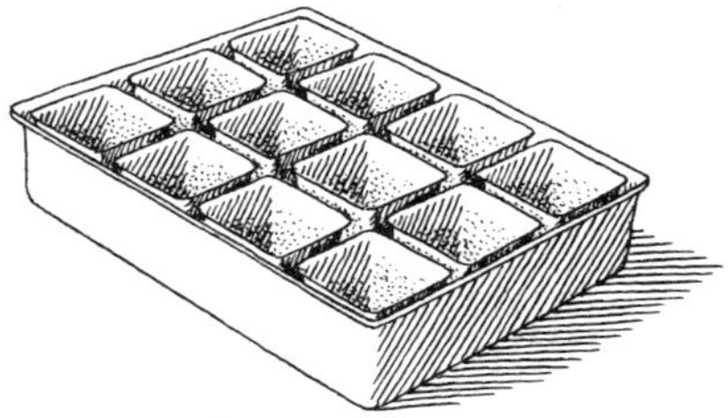

Aussaat in Töpfe

Aus großen Samen wachsen auch große Sämlinge, die von Anfang an mehr Platz beanspruchen. Es kann von Vorteil sein, wenn man die Aussaat statt direkt in die Schale in kleine Töpfchen vornimmt, die gemeinsam in eine Schale eingestellt werden. Da die Samenarten unterschiedliche Zeit zur Keimung benötigen, kann man später je nach Entwicklungsstand zusammenstellen und differenziert pflegen.

Beschriften

Aussaatbuch und Etiketten

Damit man auch nach Jahren weiß, was ausgesät wurde, schreibt man nicht zu große Aussaatetiketten. Sie lassen sich mit Ausziehtusche, speziell wasserfesten Filzstiften oder Bleistift beschriften. Man kann den botanischen Namen oder nur eine Aussaatnummer auf dem Etikett vermerken. Unter dieser Nummer findet man in einem Buch alle weiteren Angaben, wie Name, Herkunft der Samen, Ernte- oder Kaufjahr, vielleicht noch Bemerkungen zu Besonderheiten bei der Lagerung oder Aussaat. Zweckmäßig ist es, das Aussaatdatum, wenigstens aber das Jahr auf das Etikett zu schreiben.

Samen beizen

Vor der Aussaat Samen beizen!

Auf alle Fälle ist es ratsam, den Samen vor der Aussaat zu beizen. Dazu wird eine winzige Menge (Messerspitze) des Trockenbeizmittels in die Samentüte gegeben und geschüttelt, bis der Samen vom Mittel eingehüllt ist. Ein zu großer Überschuß ist zu vermeiden. Noch wirksamer ist die Naßbeizung. Danach müssen die Samen aber zur Aussaat wieder getrocknet werden.

Die Vermehrung aus Samen

Aussäen

Ist der Samen in der Weise vorbereitet, kann ausgesät werden. Zuerst steckt man das entsprechende Etikett an das vorbereitete Feld. Durch Klopfen an die schräg nach unten geneigte Tüte läßt man den Samen möglichst kornweise auf die Aussaatfläche fallen. Der Samen soll gleichmäßig auf der gesamten Fläche verteilt sein. Feine Samen werden nicht angedrückt und auch nicht mit Substrat abgedeckt. Bei größeren Samen ist das nötig, um den Bodenschluß herzustellen.

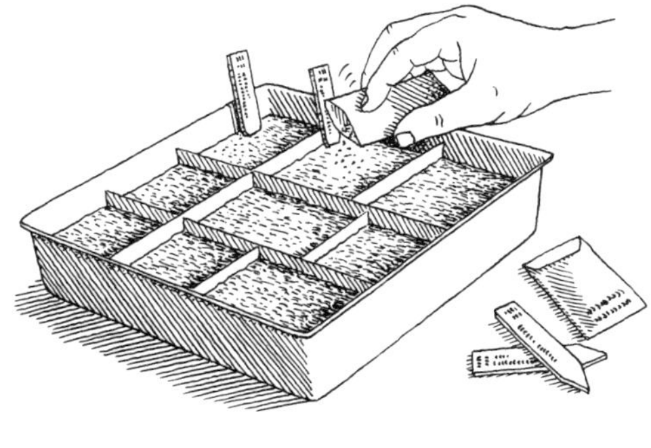

Aussaat

Befeuchten von unten

Sind alle Felder besät, setzt man die Schale in ein größeres Gefäß mit abgekochtem Wasser, bis sich das Substrat vollgesaugt hat. Die Aussaat soll nicht von oben gegossen werden, damit die Beize nicht abgespült oder der Samen verschwemmt wird.

Abdecken mit Glasplatte

Anschließend deckt man die Aussaat mit der Glasscheibe oder dem Klarsichtdeckel zu. Sie soll hell, aber geschützt vor direkter Sonne stehen. Für die Keimung liegen die günstigsten Temperaturen zwischen 18 und 25°C. Nachts darf es kühler sein.

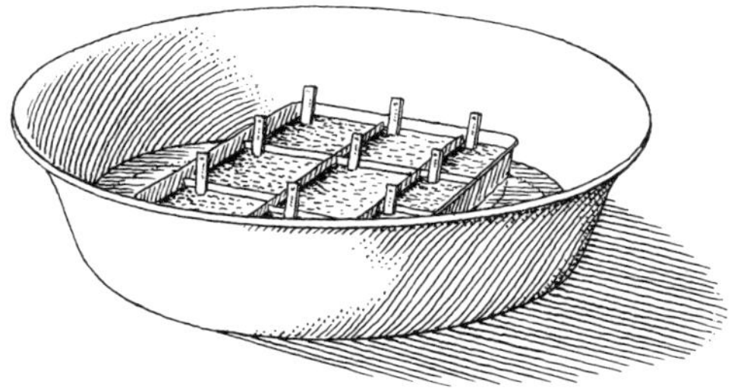

Wässern des Aussaatgefäßes

Keimdauer

Am schnellsten keimen die Samen von *Astrophytum*. Nach drei bis fünf Tagen sind bei ihnen die ersten Keimlinge zu sehen. Innerhalb von zwei bis drei Wochen sind unter günstigen Voraussetzungen die Mehrzahl der Samen gekeimt. Es gibt auch ausgesprochene Bummelanten. Besonders die hartschaligen *Opuntia* benötigen oft Monate, ehe der Keimling die harte

Astrophytum keimen schon nach 3 bis 5 Tagen, bei *Opuntia* kann es bis zu einem Jahr dauern

Wie man Kakteen vermehrt

Selten keimen alle Samen gleichzeitig

Samenschale sprengt. Bei genauer Beobachtung kann man feststellen, daß nur selten alle Samenkörner einer Art gleichzeitig keimen. Diese für Wildpflanzen typische Erscheinung hilft in der Natur, die Art zu erhalten. Je günstiger die Wachstumsbedingungen sind, desto schneller läuft die Keimung ab. In dieser Zeit darf die Aussaat auf keinen Fall austrocknen. Auch Temperaturen über 30°C wirken sich sehr nachteilig aus.

Toleranz nimmt nach Auflaufen zu

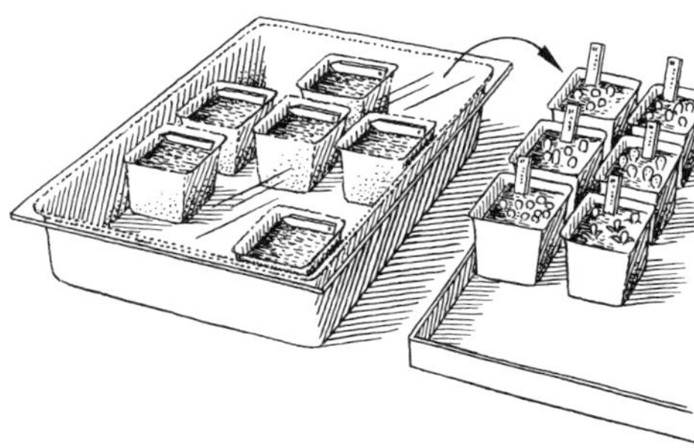

Schon gut entwickelte Partien werden gesondert aufgestellt

Abhärten der Sämlinge

Befall durch Schädlinge und Pilze → Kapitel »Gesunde und kranke Kakteen«, S. 92 ff.

Wechsel zwischen Wässern und Austrocknen

Nach der Keimung sind die Sämlinge wesentlich toleranter in ihren Ansprüchen. Hat man jede Samenportion für sich in einen Topf ausgesät, kann man nun die schon gekeimten Partien herausnehmen und getrennt von den noch unter »Intensivbedingungen« zu haltenden aufstellen. Andernfalls muß man warten, bis möglichst von allen Arten die Mehrzahl der Samen gekeimt haben, bevor man mit dem Abhärten beginnt. Dazu wird die Abdeckung der Saatschale zunächst zeitweise hochgestellt, später ganz entfernt. Frische Luft ist für die Sämlinge ebenso wichtig wie Licht und Wasser. Das Wichtigste, um Krankheiten und Schädlingen vorzubeugen ist, die Pflanzen so bald als möglich abzuhärten. Dazu trägt das Lüften wesentlich bei. Haben die Sämlinge genügend Wasser aufgenommen, kann man die Saatoberfläche abtrocknen lassen. Dieses Verfahren beugt u. a. der Algenbildung vor, die bei hartem Gießwasser und ständig feuchtem Substrat auftreten kann. Mit zunehmender Größe der Sämlinge vertraut man auf ihre Sukkulenz. Besonders in sommerlichen Hitzeperioden werden Trockenzeiten gut vertragen. Nie darf man an heißen Tagen bereits »aufgeheizte« Sämlinge gießen!

Das Pikieren

Pikieren oder vereinzeln muß man Sämlinge, wenn sie so groß geworden sind, daß sie sich gegenseitig bedrängen und nicht mehr ausreichend Platz für weiteren Zuwachs haben. Bei zeitiger Aussaat und gutem Gedeihen wird man die Sämlinge noch im Aussaatjahr das erste Mal pikieren. Je nach Art sind die Pflänzchen dann streichholzkopf- bis erbsengroß. Aussaaten nach Mitte Juni wird man erst im nächsten Frühjahr pikieren. Ebenso verfährt man mit sehr kleinsamigen Arten, wie *Parodia* oder bestimmten *Gymnocalycium,* die zunächst nur winzig klein sind und so lange wie möglich im Aussaatgefäß kultiviert werden sollten, damit sie zum Pikieren nicht zu empfindlich sind. Für solche Arten hat sich die Aussaat in sterilisierte Einweckgläser mit gut schließendem Deckel bewährt.
Leider passiert es immer wieder, daß in einer Aussaat Vermehrungspilz auftritt. In einem solchen Fall kann das Pikieren eine mögliche Rettung sein. Es ist nur sinnvoll, einwandfrei gesunde Pflanzen umzusetzen. Das Pilzmyzel darf noch nicht in den Bereich vorgedrungen sein, aus dem die Pflanzen entnommen werden.

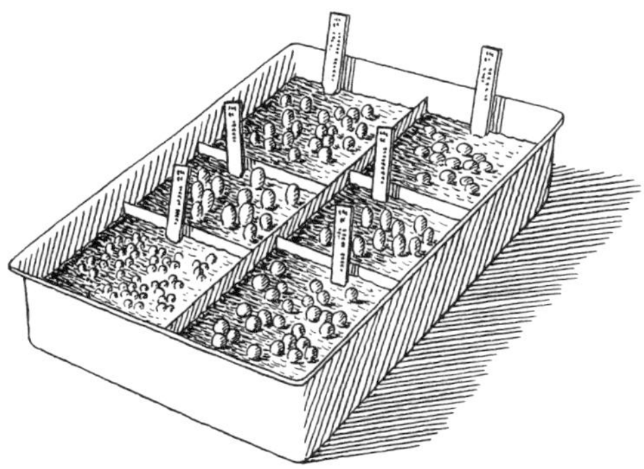

Aussaatschale mit Sämlingen

Wann wird zum ersten Mal pikiert:
- **bei Aussaat vor Juni → noch im selben Jahr**
- **bei Aussaat ab Mitte Juni → im nächsten Frühjahr**
- **bei kleinsamigen Arten besser später**

Vermehrungspilze → »Gesunde und kranke Kakteen«, S. 106 ff.

Wie man Kakteen vermehrt

Umpikieren

Substratmischung

Pikiererde:
- **1 Teil Einheitserde**
- **1 Teil Bimskies oder Lavalit (1 bis 2 mm)**
- **1 Teil Hochmoortorf**

Keine gesiebte Erde verwenden

Arbeitsgeräte zum Pikieren

Glattstreichen der Erde in der Pikierschale

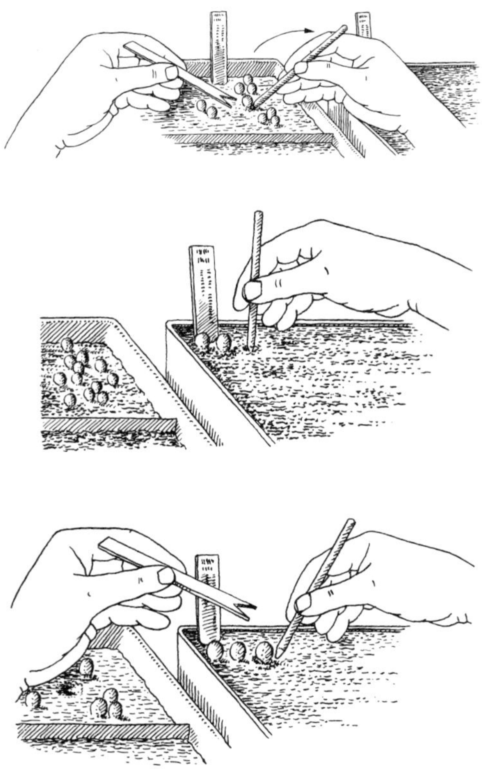

Pikieren

Pikiert wird wieder in eine Schale mit Abzuglöchern im Boden. Als Substrat ist eine lockere, strukturbeständige Kakteenerde geeignet, die auch schon mäßig mit Nährstoffen versorgt sein sollte. Man füllt die Schale reichlich mit Erde, drückt entlang der Ränder, besonders an den vier Ecken, leicht an und streicht mit einem Brett die überschüssige Erde ab, wobei eine einheitlich glatte Oberfläche entstehen soll. In dem Substrat dürfen keine großen Steine oder Klumpen enthalten sein, das erfordert vor dem Mischen ein entsprechendes Bearbeiten der einzelnen Bestandteile. Um die für Kakteen wichtige Grobstruktur zu erhalten, muß das Durchsieben unbedingt vermieden werden. Gesiebte Erde verschlämmt wesentlich schneller. Lediglich wenn sehr kleine Sämlinge zu pikieren sind, kann man eine dünne Erdschicht aufsieben.

Zum Pikieren sollte man keinesfalls eine Pinzette verwenden. Die weichfleischigen Pflänzchen würden zu leicht verletzt. Ein vorn zugespitztes Pikierholz von passendem Durchmesser ist das wichtigste Werkzeug. Mit ihm fährt man unter die Wurzeln der Sämlinge in der Saatschale und hebt leicht an. So wird beim Herausnehmen des Pflänzchens keine Wurzel abgerissen. Für sehr kleine Sämlinge kann man sich aus Holz eine Gabel schnitzen, mit der man den Sämling am Wurzelhals zwischen die beiden Zinken nimmt.

Nun sticht man in der vorbereiteten Pikierschale ein Pflanzloch von ausreichender Größe in die Erde. Der Sämling wird so tief, wie er vorher gestanden hat, eingesetzt. Die Wurzel soll, ohne sich umzubiegen, in das Pflanzloch passen. Mit dem Pikierholz wird nun die Erde um die Wurzel angedrückt, um dem Sämling festen Halt zu geben.

Das nächste Pflänzchen wird so eingesetzt, daß der Abstand von Pflanze zu Pflanze etwa einem Pflanzendurchmesser entspricht. Ist die erste Reihe voll, wird die folgende um einen halben Pflanzenabstand versetzt begonnen, so daß die Pflanzen immer auf Lücke stehen. Das Etikett mit Name und Aussaatnummer sollte man nicht vergessen. Es hat seinen Platz hinter der ersten Pflanze und behält seine Gültigkeit bis zum nächsten Etikett. So ist für jede Partie der Name zweifelsfrei festgelegt.

Werden ältere Sämlinge das zweite oder dritte Mal pikiert, wird ebenso verfahren. Das Pflanzloch muß nur groß genug sein. Manchmal kann es allerdings notwendig werden, daß man zu lange Wurzeln einkürzen muß. Eine abgeschnittene Hauptwurzel verzweigt sich, dagegen stockt eine nach oben umgebogene Wurzel im Wachstum. Als Abstand reicht bei größeren Sämlingen auch der halbe Pflanzendurchmesser. Die Erfahrung lehrt, daß dicht beieinander stehende Pflanzen viel besser wachsen, als mit großen Abständen gepflanzte.

Vereinzeln älterer Sämlinge

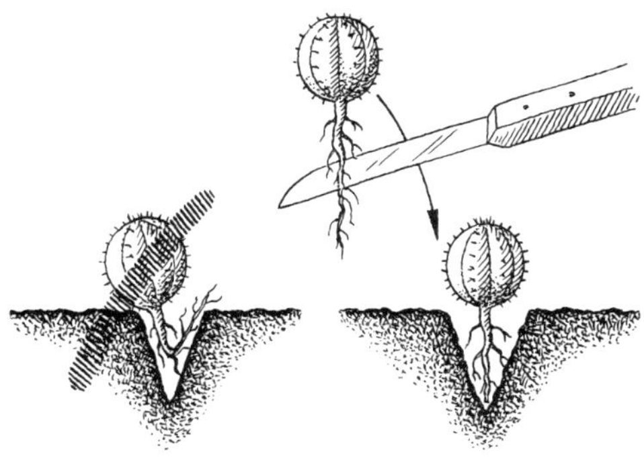

Zu lange Wurzeln werden mit scharfem Messer eingekürzt

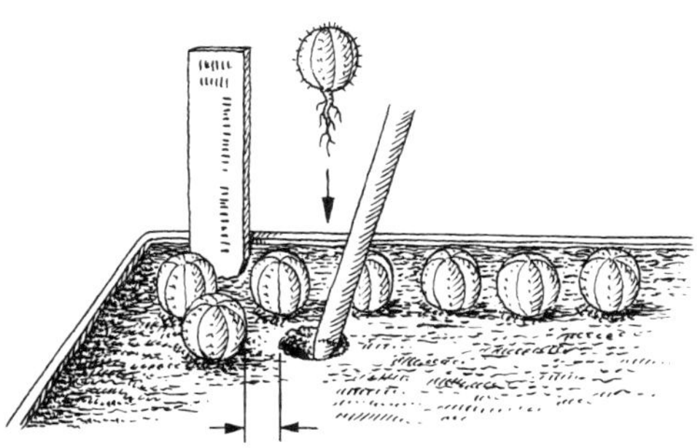

Als Pikierabstand reicht der halbe Pflanzendurchmesser

Wie man Kakteen vermehrt

Vorbeugen gegen Pilzbefall → »Gesunde und kranke Kakteen«, S. 102 f.

Nach dem Pikieren vor direkter Sonne schützen

Nach dem Pikieren sollen die Sämlinge warm, hell, aber geschützt vor direkter Sonne stehen. Mit dem ersten Angießen wartet man sicherheitshalber zwei bis drei Tage. Durch die Bearbeitung sind auch bei vorsichtigem Vorgehen kleinere Verletzungen am Pflanzenkörper oder an der Wurzel nicht auszuschließen, die erst abheilen sollen, ehe gegossen wird.

Sind die Sämlinge im neuen Substrat eingewurzelt, was man bei genauer Beobachtung am Zuwachs deutlich erkennt, vertragen sie auch wieder Sonne und können in den Rhythmus Feuchtigkeit und Trockenheit einbezogen werden. Bei noch kleinen Sämlingen sollte die Betonung mehr auf Feuchtigkeit liegen. Das Gießen an heißen Tagen sollte man unbedingt vermeiden.

Überwintern von Sämlingen

Für den Winter ist ein sehr heller Platz bei Zimmertemperatur (18 bis 21°C) für die Sämlinge zu wählen. Ist ausreichend Licht vorhanden, sollte das Substrat auch den Winter über etwas feucht gehalten werden. Je kleiner die Sämlinge sind, desto schlechter vertragen sie eine Zwangspause infolge mangelnden Lichtes.

Eingewurzelte Sämlinge vertragen direkte Sonne

Das Topfen

Pflanzschalen oder Einzeltöpfe

Kakteen wachsen pikiert oder ausgepflanzt in eine Schale oder einen Kasten im allgemeinen besser als einzeln in Töpfen. Das hat seinen Grund in dem größeren Wurzelraum, den sie in der Schale vorfinden. Dennoch gibt es einige Gründe, die Pflanzen ab einem bestimmten Alter in Töpfen zu kultivieren: Für größere Pflanzen müssen die Pflanzgefäße eine entsprechende Höhe haben und werden dann unhandlich. Man möchte die Pflanzen einzeln herausnehmen können, um sie zum Beispiel zu fotografieren oder auf einer Ausstellung zu zeigen. Vielleicht will man auch einzelne Pflanzen verkaufen. Treffen diese oder ähnliche Gründe nicht zu, sollte man nach Möglichkeiten suchen, die Pflanzen in entsprechenden Kästen ausgepflanzt zu kultivieren.

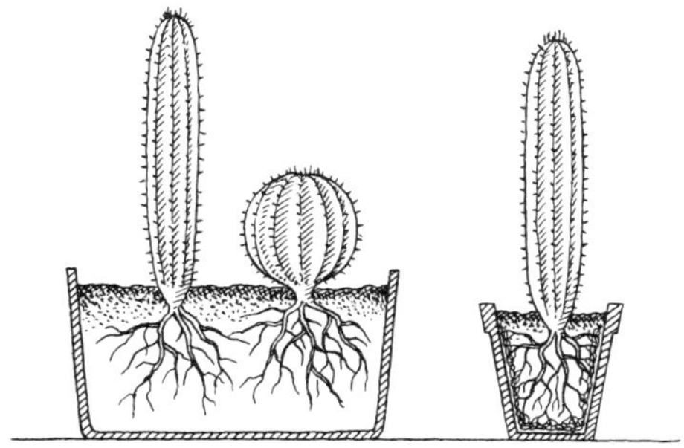

Schalen bieten den Kakteen mehr Wurzelraum als Töpfe

Spätestens fünf Jahre nach Aussaat umtopfen

Ist die Entscheidung für das Topfen gefallen, sollte man damit nicht länger als drei bis fünf Jahre nach der Aussaat warten. Alte, ausgepflanzt kultivierte Pflanzen in Töpfe zu zwängen, ist sowohl für die betroffenen Pflanzen wie auch für die ausführenden Personen eine Qual. Meist geht es nicht ohne drastische Einkürzung der Wurzeln ab. Ton- oder Plasttöpfe ist die nächste fällige Entscheidung. Beides gemischt in einer Sammlung bringt Probleme mit der richtigen Wasserdosierung. Plasttöpfe halten das Wasser länger als Tontöpfe. Früher meinte man, nur im unglasierten Tontopf können die Pflanzen erfolgreich kultiviert werden, weil anderenfalls die Wurzeln nicht genug Luft zur Atmung bekämen.
Inzwischen haben sich die Plasttöpfe weithin durchgesetzt und haben die früheren Bedenken widerlegt. Doch auch sie weisen Nachteile auf.

Viele Jahre frei ausgepflanzte Kakteen lassen sich später nur schwer topfen

Mammillaria rhodantha
stammt aus Mexiko. Die Pflanzen sind etwas säulig und tragen den ganzen Sommer über viele kleine purpurrosa Blütchen in einem Kranz rund um den Scheitel. Wer die länglichen, rötlichen Früchte nicht sofort nach der Reife aberntet, kann Früchte und Blüten in aufeinanderfolgenden Reihen an derselben Pflanze beobachten. Mehrere verschiedene Varietäten in der Dornenfärbung sind bekannt. Ein wahres Farbenfeuer zeigt *M. rhodantha* var. *rubra* im Gegenlicht der Abendsonne. Rein gelb bedornte Formen wirken dagegen hell. *M. rhodantha* liebt besonders trockene Überwinterung kurz über dem Nullpunkt. Über den Sommer kann man die Art gut im Freien halten.
Mit wenigen Ausnahmen werden *Mammillaria* durch Aussaat vermehrt. Jungpflanzen wachsen rasch und problemlos zu blühfähigen Exemplaren heran. Innerhalb der Gattung gibt es eine große Formenvielfalt in Körperfarbe, Behaarung, Dornengestalt sowie Blütenfärbung und -größe.

Notocactus apricus
ist ein borstig aussehender Geselle. Ältere Pflanzen wachsen zu hellgrünen, breiten Kugeln aus. Werden sie hart kultiviert, ist der Körper von den zahlreichen Borstendornen förmlich eingesponnen. Unmittelbar nach der Überwinterung schiebt *Notocactus apricus* dicke braune, behaarte Knospen, aus denen sich bis 8 cm große gelbe Blüten entwickeln. Jüngere Pflanzen sind unter zwei bis drei Blüten kaum noch zu sehen. Typisch für *Notocactus* sind violett-rotbraune samtige Stempel. Werden sie bestäubt, bilden sie dünnwandige, säckchenähnliche Früchte mit vielen schwarzbraunen Samen.

Opuntia, winterhart,
werden oft scheel angesehen, denn bei unverhoffter Berührung brechen die Dornen der sehr dekorativen Pflanzen ab und sitzen dann fest in der Haut. Winterharte *Opuntia* sollte man unbedingt an einen vollsonnigen Platz pflanzen. Niederschläge müssen schnell ablaufen können. Entweder man pflanzt an einen Südhang vor einer Hauswand, die sich gut erwärmen kann, oder man schüttet zuerst eine Drainageschicht aus Bauschutt oder Kies und setzt dann die Pflanzen in Kakteenerde. Wunderbar seidenglänzend säumt später eine Vielzahl hellgelber oder rosa bis rötlicher, runder Blüten die Oberkante der jüngsten Blatttriebe älterer Pflanzen.

Parodia aureispina
Die »Golddornige« ist weiß bewollt und hat zahlreiche weiße Randdornen. Durch die goldgelben größeren Hakenmitteldornen wirkt die Pflanze jedoch wie ein äußerst »anhänglicher« Igel. Erst bei sehr alten Pflanzen geht das schöne Gelb der Dornen in stumpfes Schwarz über. Bis zu 3 cm große flache, runde seidenglänzende Blüten entfalten sich im Sonnenschein aus dem reich bedornten und bewollten Scheitel. Reife Früchte enthalten winzig kleine, kugelige, bräunliche Samen. *Parodia aureispina* ist im nördlichen Argentinien beheimatet. An einem geschützten, vollsonnigen Platz kann man die Art den ganzen Sommer im Freien kultivieren.

Pilosocereus palmeri
erreicht in seiner mexikanischen Heimat Höhen von 6 m. Er bildet reichlich Seitenzweige aus und prägt damit ein typisches Landschaftsbild. Daher mag es *P. palmeri* auch bei uns sehr warm. Der Körper ist grün und im Jungtrieb bläulich und bereift. Die kurzen Dornen fallen nicht sehr stark auf. Bei einem Durchmesser von 8 bis 10 cm zeigen sich seitlich in Scheitelnähe besonders wollige Areolen. Vereinigen sich diese Knäuel zu einer dicken Haube, einem Cephalium, kann man nach einiger Zeit auch mit Blüten rechnen. Sie schieben sich als dicke dunkle Knospen aus der gelblich lockigen Wolle. Die Blüten sind 8 bis 10 cm lang, erreichen aber nur 5 cm Durchmesser. Außen blieben sie purpurn, innen sind sie rosa-weißlich. Auch die pflaumenförmigen, jedoch etwas größeren Früchte sind außen dunkelgrün bis violett. Das auffallend violettrot gefärbte Fleisch aufgeplatzter Früchte soll Vögel anlocken, die über ihre Ausscheidungen die Samen weiter verbreiten.

Rebutia minuscula
ist mit ihrer enormen Blühfreudigkeit gerade richtig für den Anfänger. Vorausgesetzt, man gönnt den Pflanzen einen trockenen kühlen Winterstandort, dann bringen diese kleinen, im Scheitel etwas eingesenkten Kugeln zum Winterausgang viele Knospen. Nun muß sich der Kakteenfreund unbedingt mit dem Gießen gedulden, bis die Knospen fast aufblühen, ansonsten bilden sie sich zu unzähligen kleinen neuen Sprossen um, ohne zu blühen. Da sie in ihrer argentinischen Heimat starken Temperaturschwankungen ausgesetzt sind, vertragen *R. minuscula* bei uns im Sommer sehr gut einen Standplatz an der frischen Luft.

Rhipsalidopsis – Osterkakteen
sind ihrer einfachen Pflege wegen sehr weit verbreitet. Üppig blühende, oft viele Jahre alte Ampelpflanzen sind im Frühling besonders in ländlicher Gegend zu finden. Das setzt jedoch das Kultivieren in nährstoffreicher, humoser Erde voraus. Etwa zwischen Oktober und Februar sollten die Pflanzen trocken gehalten werden bei Temperaturen zwischen 5 und 10 °C. Die blattähnlichen Triebe sind flachgedrückt mit ausgeprägter Mittelrippe. Sind die Pflanzen gut ernährt, können sie alljährlich mehrere neue Triebe entwickeln, die dann endständig je nach Sorte von zartrosa bis feurig rot blühen.

Selenicereus grandiflorus
Die »Königin der Nacht« blüht nur eine Nacht lang! Aus kleinen, mit derben weißen Borsten besetzten Kugeln entwickeln sich im Frühjahr lange, braune, vogelkopfähnliche Knospen. Bis 30 cm erreichen die Blüten im Durchmesser. Sie sind innen weiß, außen goldbräunlich. Aus einer Kaskade blaßgelber Staubgefäße ragt der grüne Stempel weit hervor. Bestäubt man die Blüten miteinander, entwickeln sich rote Kugelfrüchte mit stark bedornter Schale, die schwarze Samen enthalten. Unscheinbar schlingen sich die oft meterlangen kantigen dunkelgrünen Triebe am karibischen Heimatstandort durch Bäume und Geäst. Die Dornen sind kurz und stechend.
Selenicereus lieben es ganzjährig mäßig feucht in Luft und Boden mit Temperaturen zwischen 15 bis 28 °C. Daher empfiehlt sich ein Standort immer hinter Glas. Aus jungen Trieben und Blüten wird ein Auszug mit spasmolytischer Wirkung auf die Coronargefäße gewonnen.

Wie man Kakteen vermehrt

Tontöpfe

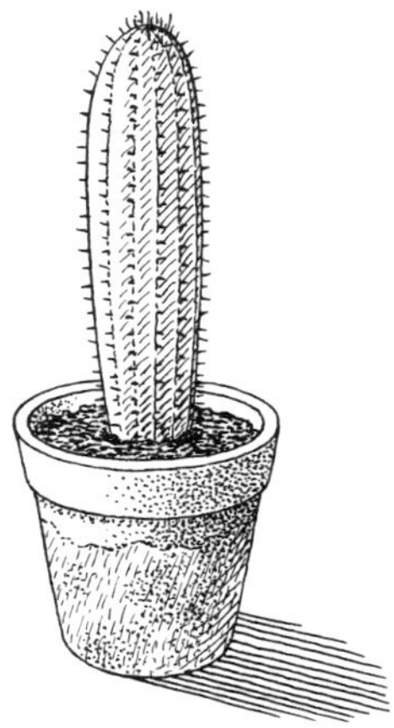

Kaktus im Tontopf

Der Tontopf ist schwer, was für den Transport von Nachteil, aber für die Standfestigkeit großer Pflanzen vorteilhaft ist. Sind ältere Pflanzen durch das Abzugsloch gewurzelt und müssen umgetopft werden, kann man den Tontopf leicht zerschlagen und so die Wurzel erhalten. Der Tontopf ist absolut lichtbeständig und altert praktisch nicht. Nachteilig wirkt sich die poröse Topfwand aus. Sie entzieht dem Wurzelballen die Feuchtigkeit und gibt sie an die Außenluft ab. Der bei der Verdunstung auftretende Wärmeverlust kann ebenfalls nachteilig für die Pflanze sein. Die rauhe Wandung des Tontopfes läßt sich bei Wiederverwendung schlecht reinigen. Der Tontopf ist nicht bruchfest und teurer als der Plasttopf. Will man Tontöpfe für seine Sammlung verwenden, sollte man sie wenigstens zu $^{2}/_{3}$ in Sand einfüttern. Das hat den Vorteil, daß es zu einer wasserleitenden Verbindung zwischen umgebendem Sand, Topf und Wurzelballen und damit zu einer ausgeglichenen Wasserversorgung kommt.

Einfüttern in Sand verbessert den Wasserhaushalt

Plastiktöpfe

Plastiktöpfe sind leicht, bruchfest und preiswert. Sie benötigen weniger Lagerraum, lassen sich gut desinfizieren und können auch in quadratischer Form hergestellt werden. Ihre Wände sind wasserdicht und verdunsten keine Feuchtigkeit, was man besonders beim Gießen berücksichtigen muß. Von Nachteil ist, daß sie altern und besonders bei Sonneneinstrahlung von oben her früher oder später spröde werden.

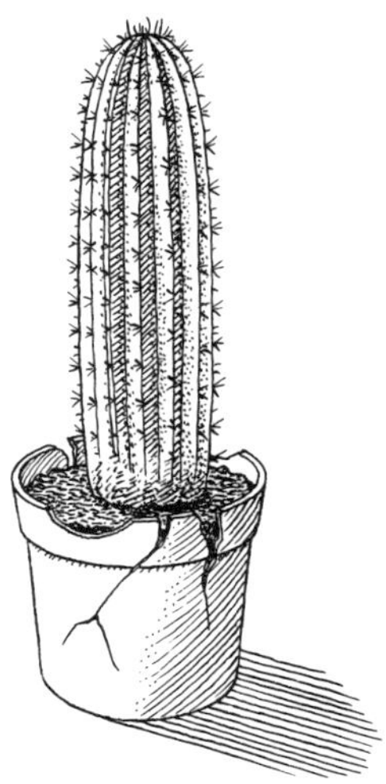

Verwitterter Plastiktopf

Die Vermehrung aus Samen

Bester Zeitpunkt

Die günstigste Zeit für das Topfen ist das Frühjahr. Die Pflanzen wurzeln schnell ein und können das neue Substrat den Sommer über nutzen.

Was man zum Umtopfen braucht

Die Arbeit des Topfens sollte gut vorbereitet und die zu topfenden Pflanzen, Töpfe, ausreichend Erde und Transportkiste auf einem stabilen Tisch mit Umrandung bereitgestellt werden. Auch eine Abfallkiste kann nützlich sein.

Pflanztisch

Pflanzen aus der Erde nehmen

Zuerst werden die Pflanzen aus der Erde genommen. Dazu fährt man mit einem stabilen, vorn angespitzten Holz unter die Wurzeln und hebt sie an. Je nach Bedornung faßt man die Pflanze mit einer Holzzange oder einem Lederhandschuh mit der linken Hand an. Die oberste Erdschicht um die Pflanze herum wird entfernt. Sie soll auf keinen Fall mit dem frischen Substrat vermischt werden. Die Erde an den Wurzeln soll möglichst haften bleiben.

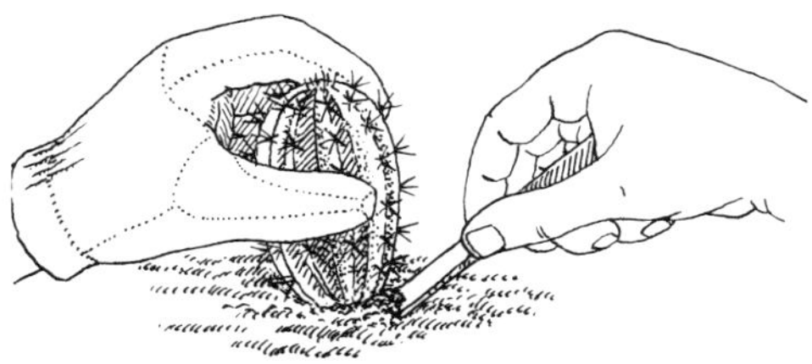

Mit einem kräftigen Pikierholz werden die Pflanzen aus der Erde genommen

Topfgröße

Drainage kann entfallen

Für das Eintopfen wählt man den Topfdurchmesser nicht wesentlich größer als der Durchmesser der Pflanzen ist. In einen entsprechenden Topf füllt man 1 bis 2 cm hoch Kakteenerde. Das Einbringen von Tonscherben oder Kies kann man sich bei gut strukturierter Erde und bei kleinen Töpfen sparen. Nun hält man die Pflanze mit der linken Hand in den Topf, etwas höher, als sie später stehen soll und füllt mit der rechten zwischen Topfwand und Wurzel Erde ein.

Einfüllen der Erde

Wie man Kakteen vermehrt

Einsetzen

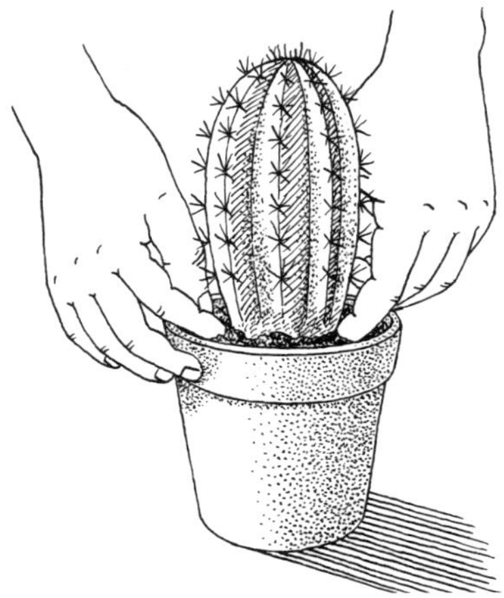

Andrücken

Die Pflanze muß in der Topfmitte etwas erhöht auf lockerer Kakteenerde stehen. Mit Daumen und Zeigefinger beider Hände wird nun die Pflanze in den Topf gedrückt. Ist dies nicht möglich, weil die Pflanze zu breit ist, nimmt man das Pikierholz und drückt um die Pflanze die Erde an, während die linke Hand vorsichtig auf den Kaktus drückt. Er soll am Ende genau so tief im Topf sitzen, wie er vorher in der Schale stand. Damit sich noch vorhandene Hohlräume füllen, wird der Topf kurz aufgestaucht und in eine bereitgestellte Kiste zum Abtransport abgestellt.

Angießen erst nach einigen Tagen

Nach dem Topfen sollen die Pflanzen einige Tage Schutz vor direkter Sonne bekommen und auch nicht gleich angegossen werden.

Wann wird umgetopft?

In Töpfen stehende Kakteen müssen in Abständen von mehreren Jahren umgetopft werden. Bei jüngeren Pflanzen ist der Zeitpunkt gekommen, wenn sie über den Topfrand hinausgewachsen sind, bei älteren, wenn man am fehlenden Zuwachs merkt, daß die Erde verbraucht ist.

Austopfen erwachsener Kakteen

Zum Austopfen wird die Pflanze mit der linken Hand gehalten. Um die Hände gegen die Dornen zu schützen, benutzt man einen Lederhandschuh oder legt ein Tuch um den Kaktus. Mit der rechten Hand erfaßt man den Topf und stößt den Topfrand kräftig auf die Tischkante. Gelegentlich kann es Probleme mit dem Austopfen geben, wenn die Wurzeln durch das Abzugsloch gewachsen sind. Der oft

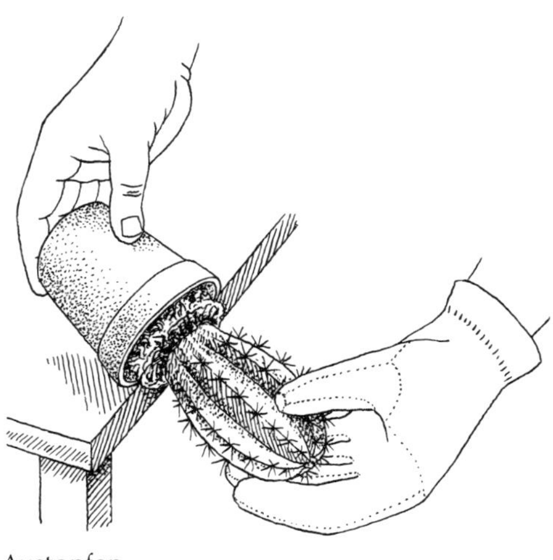

Austopfen

Wurzelballen vor neuem Einsetzen auflockern

sehr feste und außen verfilzte Wurzelballen muß vor dem Eintopfen gelockert und die verbrauchte Erde entfernt werden. Das wird manchmal nicht ohne sanfte Gewalt möglich sein, weil die Wurzeln aus sehr festem Gewebe bestehen. Verzichtet man auf das Auflockern, kommen die neuen Wurzeln nur sehr langsam aus dem alten Ballen in das neue Erdreich. Außerdem soll Platz für frische Erde geschaffen werden.

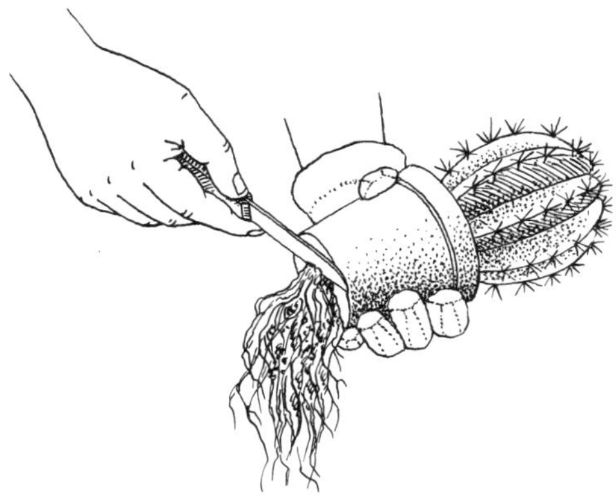

Durchgewachsene Wurzeln sauber abschneiden

Eintopfen

Das Eintopfen erfolgt genau so, wie es im vorherigen Abschnitt beschrieben wurde. Bei älteren Pflanzen, die nur zum Austausch der verbrauchten Erde umgetopft wurden, kann der alte Topf oder ein gleichgroßer verwendet werden.
Das Ein- bzw. Umtopfen sollte immer genutzt werden, die Wurzeln genauer zu inspizieren und auf Schädlinge hin zu untersuchen. Bei Befall sind die Ratschläge im Kapitel »Gesunde und kranke Kakteen« zu beachten.

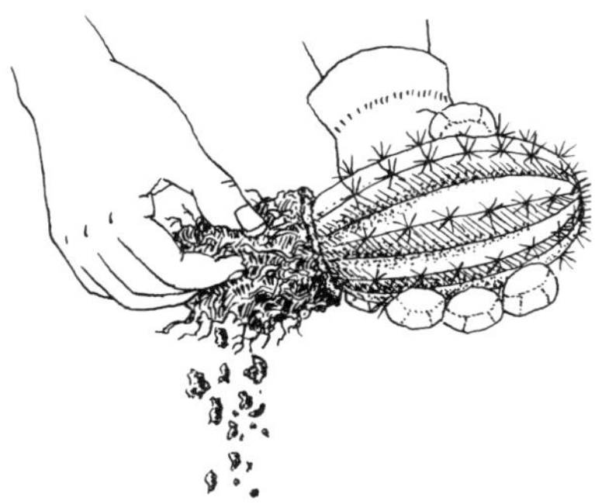

Wurzelballen auflockern

Blüten

Blüten, Früchte, Samen
Kann man die Kakteen selbst aus Samen heranziehen, so ist es auch möglich, Samen von den eigenen Kakteen zu ernten. Bei aller Schönheit der Pflanzen ist doch die Blüte das erstrebenswerte Ziel und die Krönung der erfolgreichen Kakteenpflege. Oft beobachtet man wochenlang den Fortgang der Entwicklung einer Knospe, bis endlich der Tag gekommen ist, an dem sie sich öffnet. Was bis dahin nicht zu sehen

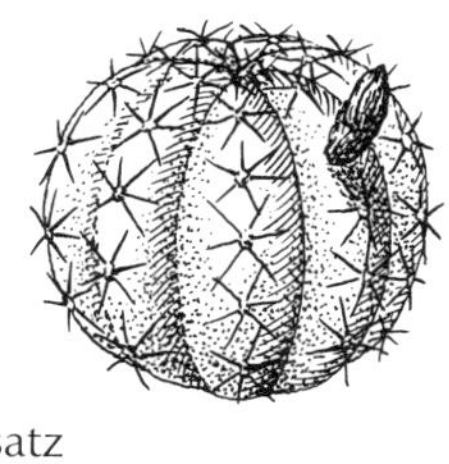

Knospenansatz

Wie man Kakteen vermehrt

Die mit Spannung erwartete Blüte

Kakteen sind Fremdbefruchter

Bestäuben

Klon

Kein Fruchtansatz bei Pflanzen eines Klons

war, entfaltet sich nun in seiner vollen Schönheit: vom Kelch eingefaßt, die Blütenblätter in geordneter Runde. Auf dem Blütenboden stehen die Staubfäden, die reich gefüllten Staubbeutel tragend. In der Mitte, im Zentrum des Ensembles, steht der Stempel mit meist sternförmiger Narbe. Man sollte sich schon einmal Zeit nehmen, um solches Wunderwerk in Ruhe zu bestaunen.

Die Blüte hat die Aufgabe, zur Bestäubung notwendige Insekten oder andere Pollenüberträger anzulocken. Die meisten Kakteen sind Fremdbefruchter, das heißt zum Samenansatz kommt es nur, wenn der Pollen von einer Blüte auf die Narbe einer Blüte einer anderen Pflanze gebracht wird. Dabei darf die zweite Pflanze nicht durch vegetative Vermehrung von der ersten oder von einer gemeinsamen Mutterpflanze gewonnen worden sein. Man spricht von einem Klon und meint damit alle durch vegetative Vermehrung von einer Mutterpflanze entstandenen Abkömmlinge. Sie sind genetisch identisch, also nicht nur äußerlich, sondern auch in ihren Erbanlagen gleich. Dagegen sind aus generativer Vermehrung erzielte Nachkommen äußerlich und in ihren Erbanlagen mehr oder weniger verschieden. Der Vorgang der Bestäubung geschieht in der Natur auf sehr vielfältige Weise. Die Kakteen müssen mit ihren auffälligen Blüten die wenigen Insekten von weither anlocken, um bestäubt zu werden. Aber

auch andere Tiere kommen für diese Aufgabe in Frage. So werden die brasilianischen *Pilosovereus* von Fledermäusen bestäubt.
In unseren Breiten bestäuben selten Insekten die Kakteenblüten. Gelegentlich fliegt eine Hummel von Blüte zu Blüte, um Pollen zu sammeln. Bei solchen Zufallsbestäubungen können die vielfältigsten Kombinationen entstehen. Wenn man Wert auf Samenansatz legt, muß man die Bestäubung schon selbst in die Hand nehmen.
Am besten funktioniert das mit einem guten Aquarellpinsel. Man soll nur innerhalb einer Art bestäuben, denn Hybriden gibt es ohnehin schon genug. Gelangt der Pollen auf die Narbe, so wird durch chemische Reize die Keimung verursacht. Der Pollenschlauch wächst durch den Griffel bis in die Samenanlage. hier findet die Befruchtung statt. Für jedes Samenkorn muß ein Pollen keimen und mit seinem Pollenschlauch für die Spermazelle den Weg zur Samenzelle bahnen.
Ein völlig artfremder Pollen wird ebenso wenig zur Befruchtung führen, wie der eigene Pollen bei einer Fremdbefruchterpflanze.
Am Anschwellen des Fruchtknotens merkt man oft schon nach wenigen Tagen, daß die Befruchtung stattgefunden hat. Bis zur Samenreife kann es unterschiedlich lange dauern.

Will man die Samen zur Aussaat gewinnen, ist es zunächst wichtig, daß sie gut ausreifen. Abgeerntete Früchte müs-

Bestäuben innerhalb einer Art

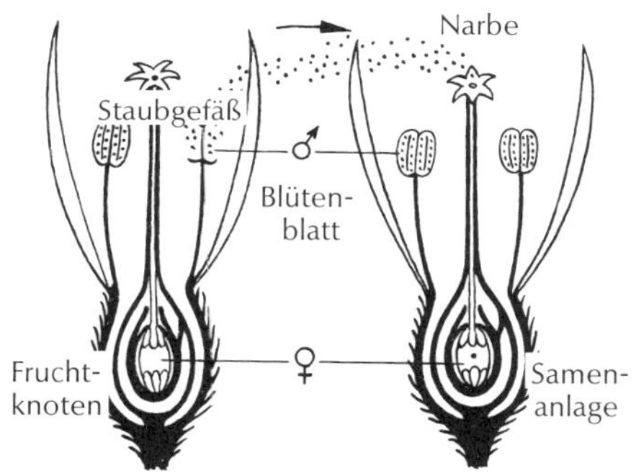

Blütenquerschnitt

Befruchtet oder nicht?

Samenreife meist 4 bis 8 Wochen nach Befruchtung

Verschiedene Kakteenfrüchte

Wie man Kakteen vermehrt

Kakteenfrüchte
- Beeren oder
- Kapseln

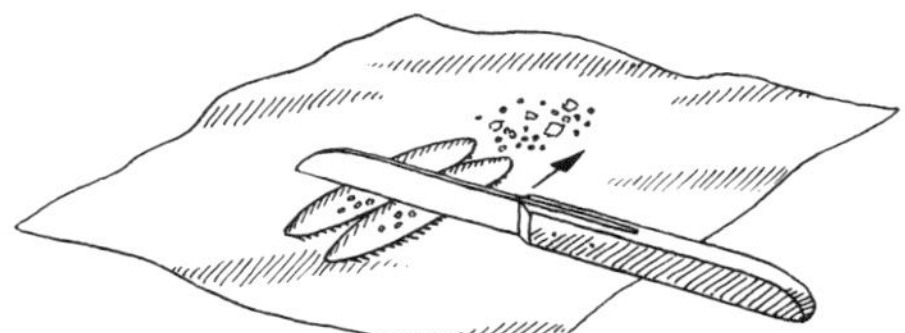

Reinigung

Vorbereitung der Samen für die Aussaat

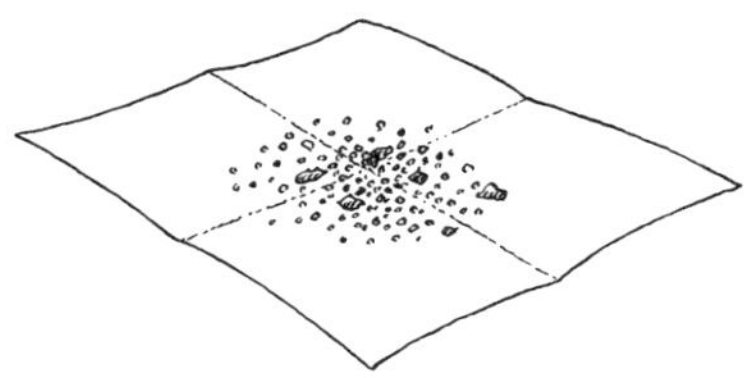

Keimfähigkeit

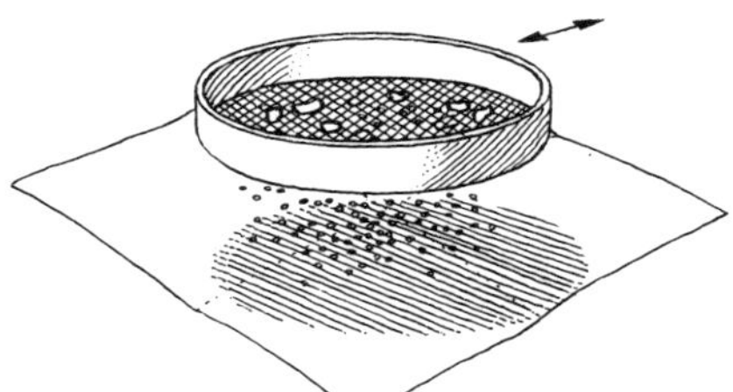

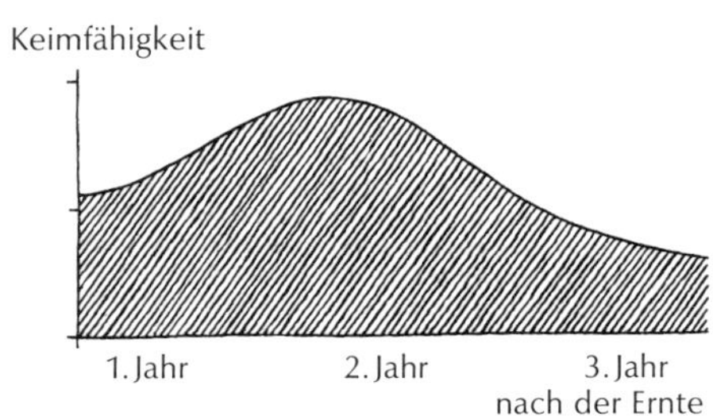

Beste Keimfähigkeit erst ein Jahr nach Samengewinnung

sen luftig und trocken gelagert werden. Auf keinen Fall darf es zu Schimmelbildung kommen. Beerenfrüchte lassen sich am einfachsten frisch nach der Ernte reinigen. Man schneidet die Früchte auf und kratzt das Fruchtfleisch mit den Samen auf die Mitte eines Tuches. Dann nimmt man alle vier Zipfel des Tuches zusammen und wäscht das Fruchtfleisch durch das Tuch in der »Mittelbeule« durch Rubbeln in Wasser aus. Im Tuch bleiben nur wenige Fruchtfleischreste und der Samen zurück. Beides wird auf einem saugfähigen Stück Papier schnell zurückgetrocknet. Durch Absieben entfernt man die Verunreinigungen. Trockene Kapseln werden nur zerrieben. Grobe Bestandteile siebt man ab.

Um die Keimfähigkeit bis zur Aussaat zu erhalten, sollte der Samen möglichst trocken und gleichmäßig kühl gelagert werden. Gut getrockneter Samen kann in Folietütchen eingeschweißt in einem Gefrierschrank aufbewahrt werden. Wie lange Samen ohne erheblichen Verlust der Keimfähigkeit gelagert werden kann, ist sehr unterschiedlich. Versuche zeigten, daß oft ganz frischer Samen deutlich schlechter keimt als ein Jahr nach der Ernte. Man spricht in diesem Fall von der Keimruhe. Im allgemeinen bleibt die Keimfähigkeit bei normaler Lagerung zwei bis vier Jahre ohne nennenswerten Verlust erhalten, läßt dann aber immer stärker nach. Keimergebnisse von 60 bis 80 Prozent sind durchaus befriedigend.

Wie soll mein Kaktus heißen

Es ist ganz allein Ihnen überlassen, ob und wie Sie Ihre Kakteen benennen. Kein Botaniker kann Sie zwingen, daß Sie sich seinen Ansichten anschließen. Allerdings ist es sinnvoll, sich allgemein anerkannter Namen zu bedienen. Wie will man sonst im Gespräch mit anderen Kakteenfreunden oder bei Pflanzenbestellungen verständlich machen, welche Pflanzenart man meint. Man müßte versuchen, die betreffende Pflanze genau zu beschreiben. Fraglich ist, ob dabei immer verstanden wird, welche Pflanze gemeint ist. In der Tat wurden, bevor es einheitliche Namen gab, auffällige Merkmale oder besondere Verwendungsmöglichkeiten zur Bezeichnung bestimmter Pflanzen benutzt. Die »Treffsicherheit« solcher Bezeichnungen war allerdings auch begrenzt. So war der Name *Cactus*, bevor er für die aus Amerika eingeführten *Melocacteen* verwendet wurde, in Griechenland für Artischocken gebräuchlich. Dabei handelte es sich in beiden Fällen um fleischige, sehr stachlige Pflanzen, die zudem auch äußerliche Ähnlichkeit im Blütenstand aufweisen (*Melocactus* bildet einen Schopf im Scheitel, wenn er ins blühfähige Alter kommt und die Artischocke ist eine zur Familie der Korbblütler gehörende Distelart). Daß beide Pflanzen ansonsten grundverschieden waren, ging aus den Beschreibungen vielleicht nicht hervor.

Wie soll mein Kaktus heißen

Selenicereus

Selenicereus grandiflorus
»Königin der Nacht«

Greisenhaupt heißen:
1. ***Cephalocereus senilis***
2. ***Espostoa lanata* mitunter**
3. ***Mammillaria hahniana* selten**

Deutsche Pflanzennamen sind nur bedingt zur Verständigung tauglich

Für einige Kakteen gibt es deutsche Namen, aber bei weitem nicht für alle. Dazu kommt, daß manche Namen nicht nur einer Art zugeordnet sind. So versteht man unter »Königin der Nacht« nicht nur den *Selenicereus grandiflorus,* sondern alle nachtblühenden *Selenicereus,* die einen braunen Blütenblattkranz um die weiße Innenblüte tragen. Dagegen werden die nur weiß blühenden *Selenicereus*-Arten als »Prinzessin der Nacht« bezeichnet. Zuweilen werden auch ganz verschiedene Arten mit deutschen Namen belegt. Als Greisenhaupt gilt eigentlich der silberweiß behaarte Säulenkaktus aus Mexiko, *Cephalocereus senilis.* Häufig werden aber auch die aus Peru stammenden *Espostoa lanata* als Greisenhaupt bezeichnet. Da diese Art von Alexander von Humboldt erstmals entdeckt und beschrieben wurde, nennt man sie auch Humboldtkaktus. Doch noch eine ganz andere weiß behaarte Kakteenart wird gelegentlich Greisenhaupt genannt: Es handelt sich um die *Mammillaria hahniana,* die als Importpflanze in ihrer Behaarung wirklich verblüffende Ähnlichkeit mit dem *Cephalocereus senilis* hat. Vom Wuchs her ist sie als Kugelkaktus natürlich nicht mit dem Säulenkaktus zu verwechseln. Diese wenigen Beispiele zeigen, daß die deutschen Namen zur allgemeinen Verständigung nur bedingt nützlich sind. In der Regel wird man sich deshalb der wissenschaftlichen Benennung (Nomenklatur) bedienen.

Aus der Geschichte der Kakteennamen

Wissenschaftliche Namensgebung

In seinem 1753 veröffentlichten Werk »Spezies plantarum« beschreibt Carl von Linné 7300 Pflanzen und verwendet die von ihm eingeführte binäre Nomenklatur. Jede Art wird durch einen Namen für die Gattung, der sie angehört und einen zweiten für die Art selbst, bezeichnet. Das damals eingeführte Verfahren wird unverändert bis heute zur wissenschaftlichen Bezeichnung aller Pflanzen- und Tierarten, so auch für die Benennung der Kakteen verwendet. Nach internationaler Übereinkunft werden der Gattungsname immer groß und der Artname immer klein geschrieben. Die Art oder auch Spezies wird als Abstammungsgemeinschaft definiert, deren Nachkommen in allen wesentlichen Merkmalen übereinstimmen, die sich aber in mehreren Merkmalen von den Vertretern anderer Arten unterscheiden. So einleuchtend die Definition auch sein mag, so umstritten ist im speziellen Fall die Auslegung und Anwendung. Jede Pflanze ist ein Individuum und besonders bei Wildpflanzen findet man eine erhebliche Variationsbreite in den äußeren Merkmalen. Dazu kommen Veränderungen, die durch den Standort bedingt sind, so daß die Abgrenzung von Arten und die Zuordnung zu einer Gattung oftmals eine Ermessensfrage sind. Der wissenschaftliche Meinungsstreit darum ist so alt wie die Versuche, die Vielfalt der natürlichen Arten in ein einheitliches Schema zu zwängen. In oben erwähntem Werk faßt Linné die wenigen da-

Cephalocereus senilis

Arten unterscheiden sich durch verschiedene Merkmale voneinander

Zuordnen von Arten zu einer Gattung ist mitunter schwierig

Wie soll mein Kaktus heißen

Mammillaria hahniana

Im 18. Jahrhundert waren 22 Arten bekannt

mals bekannten Kakteenarten in der Gattung *Cactus* zusammen, obgleich Botaniker vor ihm schon die Gliederung in *Opuntia, Pereskia* und *Melocactus* vorgenommen hatten. Betrachtet man wie Linné die gesamte Systematik des Pflanzenreiches, ist es einzusehen, daß die damals nur 22 bekannten Kakteenarten nicht noch in verschiedene Gattungen untergliedert werden mußten. Betrachtet man aber nur die Kakteen, so kann man feststellen, daß die wenigen Arten sich so in ihrem Äußeren unterschieden, daß eine Untergliederung angebracht gewesen wäre.

Etwa Anfang des 19. Jahrhunderts waren 100 Kakteenarten bekannt

Erst ein halbes Jahrhundert später nahm der englische Botaniker Haworth die Gliederung in sieben Gattungen der inzwischen auf 100 Arten angewachsenen Familie der *Cactaceae* vor. In der Folgezeit wurden immer mehr Arten entdeckt und nach Europa gebracht. Aus Unkenntnis oder kommerziellem Streben kam es immer wieder vor, daß eine schon beschriebene Art mit einem neuen Namen versehen als »Neuheit« eingeführt wurde. Häufig bleiben die Bemühungen der Botaniker um eine einheitliche Zuordnung von Arten zu einem anerkannten Namen hinter der Realität zurück, denn jeder Sammler war stolz auf seinen »Neufund« und jeder Kakteenfreund schätzte sich glücklich, eine neue Art zu besitzen und ein Unterschied zu bereits beschriebenen Arten fand sich allemal. So werden Nomenklaturfragen längst nicht mehr nur von Botanikern behandelt, sondern Kakteenfreunde beteiligen sich in Veröffentlichungen, Vorträgen oder einfach im Gespräch am wissenschaftlichen Meinungsstreit.

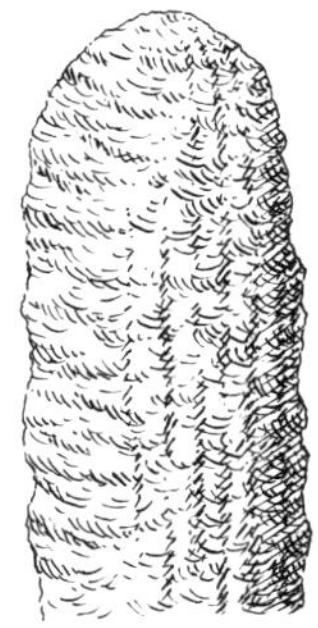

Espostoa lanata

Mitte des 20. Jahrhunderts sind mehr als 3000 Arten in etwa 230 Gattungen zusammengefaßt

Die letzte Gesamtbeschreibung der Kakteen wurde von Curt Backeberg, einem Nichtbotaniker aber ausgezeichneten Kakteenkenner, herausgebracht. Er unterscheidet über 3000 Arten und ordnet sie in etwa 230 Gattungen ein. Inzwischen sind über 25 Jahre vergangen und eine neue Generation befaßt sich mit der Systematik der Kakteen. Wissenschaftler haben sich in der »Internationalen Organisation für Sukkulentenforschung« zusammengefunden und in einem Arbeitskreis »Systematik« wird eine Revision der Nomenklatur der Kakteen erarbeitet. Dabei werden der internationale Code der botanischen Nomenklatur ebenso wie die Erkenntnisse der bisherigen Forschung in die Arbeit einfließen. Auch wenn die Umstellungen noch nicht abgeschlossen sind, wird der Trend erkennbar. Von den 230 Gattungen werden nur etwa 100 übernommen. Auch die Zahl der anerkannten Arten wird sich erheblich verringern. So gravierende Änderungen wie die Einbeziehung der Gattung *Notocactus* zu *Parodia* werden natürlich reichlich Stoff für Auseinandersetzung geben. Letztlich bleibt es Ihnen überlassen, ob und welcher Nomenklatur Sie sich anschließen.

Überarbeiten der Systematik der Kakteen

Reduzieren der Gattungsanzahl

Literaturverzeichnis / Bildnachweis

Literatur

HAAGE, W.: Kakteen von A bis Z. Neumann Verlag, Radebeul, 1983
HAAGE, W.: Schöne Kakteen richtig pflegen. Neumann Verlag, Radebeul, 1987
HAAGE, W.: Das praktische Kakteenbuch. Neumann Verlag, Radebeul, 1988
HAUDE, M./KÜNDIGER, R.: Erfolg mit Kakteen. Urania-Verlag, Leipzig, 1983
HECHT, H.: Fortschritte der Kakteen- und Sukkulenten-Kultur. Sonderdruck Nr. 3 der Deutschen Kakteen-Gesellschaft e. V., 1976
KÜHLE, G.: Zimmerpflanzen in Hydrokultur. Neumann Verlag, Radebeul, 1986
MIESSNER/JOHN: Handbuch für Junggärtner. Deutscher Bauernverlag, Berlin, 1950
NUSSBAUM, P.: Krankheiten und Schädlinge an Kakteen unveröffentlichtes Manuskript
PLESSE, W./RUX, D.: Biographien bedeutender Biologen Verlag Volk und Wissen, 1982
ROWLEY, G.: Kosmos-Enzyklopädie der Sukkulenten und Kakteen. Kosmos-Verlag, Stuttgart, 1979
WALTER, H.: Die Vegetation der Erde Band I: Die tropischen und subtropischen Zonen Gustav Fischer Verlag, Jena, 1964

Fotos

Prof. Dr. Gerhard Gröner, Stuttgart: S. 126 (rechts unten)
Holger Dopp, Empfingen: S. 53, 108 (rechts unten)
Eberhard Morell, Dreieich: S. 54, 107, 144 (rechts oben)
Hans Reinhard, Heiligkreuzsteinach: S. 17, 18, 35, 36, 71, 72, 89, 90, 108 (links oben), 125 (rechts oben), 126 (rechts oben), 143 (rechts oben)
Alle anderen lieferte der Autor.

Register

Register